TSUKUBASHOBO-BOOKLET

暮らしのなかの食と農───㊸

穀物をめぐる大きな矛盾

佐久間智子
Sakuma Tomoko

筑波書房ブックレット

目 次

1. 穀物価格高騰の背景 …………………………………………………… 5
    マネー投機のインパクト……5
    サブプライム・ローンと食料市場……6
    主食以外に使われる穀物……8
    飼料として消費される穀物……10
    輸送用燃料の原料とされる穀物……12
    トウモロコシ輸出大国である米国の変節……14
    輸入バイオ燃料の時代へ……17
    脅かされる食料生産基盤〜食料生産と水問題〜……19

2. 食肉とバイオ燃料が環境と健康に与える影響 ……………………… 23
    飼料生産の環境影響……23
    大規模・集中化が進む家畜産業……25
    不健康な家畜と不健康な現代人……27
    バイオ燃料のためのトウモロコシ生産拡大がもたらしたもの……30
    農地を広げてバイオ燃料をつくれば、温室効果ガスの排出が増える……32
    バイオ燃料では解決できない……33

3. なぜ飢餓がなくならないのか …………………………………………… 36
    下がらない食料価格……36
    なぜ貧しい国々に食糧が行き渡らないのか……38
    債務問題がもたらした商品作物生産の拡大……39
    最貧国が主要食品を自給できなくなった訳……41
    米国とEUではなぜ農業に巨額の補助金が出るのか……43

4. 日本の食糧事情と、その背景 …… 47
- 最貧国から食糧を奪う日本……47
- 先進国が支配する食料貿易……49
- 米国の対日食料戦略……51
- 農業基本法と農産物貿易自由化……53
- 私たちの食生活に見る対米依存……55
- 日本の食肉・油脂消費のフットプリント……57

5. 私たちの食生活を見直す …… 61
- 近代農業のグローバル化……61
- 中食・外食および加工食品の問題……63
- 現代のフードシステムの裏側で……65
- 私たちの分け前……67
- 完全自給食メニューから分かること……69
- 真に豊かで健康な食生活とは……71
- 地域の農業を支える……73
- 今の経済システムや価値観を離れる必要……75

1．穀物価格高騰の背景

マネー投機のインパクト

　2008年、世界では23億トン以上の穀物が生産されていました。これは史上最高の生産量であると同時に、世界のすべての人に平等に分配されたとすると、1人あたり年間に340kg消費できるほどの量でした。しかし世界では2006年秋より穀物や油脂などの主要な食糧の価格が高騰を始め、2008年夏まで上昇し続けました。その結果、2007年には十分な食糧が得られない人口も史上最大の9億人を突破し、09年にその数は10億人を超えてしまいました[註1]。09年になっても、世界の食料価格は以前の水準には戻っておらず、特に最貧国では主要な食料の価格が非常に高い状態が続いているためです。毎日2万5,000人以上の人々が飢餓によって死亡しており、その6割近くが5歳以下の子どもたちです。2009年末には、食料危機の再来を報告するニュースも世界をかけめぐっています。

　どうしてそのようなことが起きてしまうのでしょうか？　その原因として、いくつかの事実が指摘されています。まず、2007年から08年にかけて食料価格を大きく上昇させた主因として、巨額の投機マネーが食料市場に流入し、食料に対する実際の需要が急増したわけではないのに大量の食料が買い付けられ、食料価格を高騰させた事実があります。たとえば、「通商白書2008」は、今回の食料価格高騰の要因の半分は、投機マネーであると指摘しています。

世界には、モノやサービスなど目に見える商品の生産や消費（実体経済）の総額の2倍〜4倍と推計されるほど巨額の金融資産（マネー）が存在しています。このマネーには、私たちの預貯金や年金掛け金、保険料、あるいは株式や投資信託に投資した資金などが含まれています。このマネーは、預金口座や保険会社の金庫で眠っているわけではなく、投資利益を求めてさまざまな市場に投資されています。しかも、数秒から数日という短い期間に金融商品を売り買いする取引や、実際の投資資金の何十倍もの金額で行われる取引など、ギャンブル的な要素の強い投機も行われています。したがって、1年間という単位で考えれば、金融資産のインパクト（投資総額）は実体経済の100倍とも、それ以上とも言われる規模になっています。

　金融資産は、本来であれば私たちの暮らしを支えるさまざまな生産・消費活動を円滑に進めるための潤滑油の役割を果たすべきです。しかし現実には、巨額のマネーが一斉に投資利益を求めてマネー総額よりもずっと規模の小さい実体経済の市場に注ぎ込まれているため、市場は実需を反映する鏡ではなくなってしまいました。今やマネーは、実体経済にさまざまな歪みを生じさせ、また、極端なバブルと極端な恐慌を引き起こしているのです。

　その典型的な例が、2002年以来の原油価格の高騰と、2006〜2008年に生じた食料価格の高騰です。マネーをめぐる現実が大きく変わらない限り、人々の生活に直結する食糧やエネルギーの価格が大きく乱高下するような危機的な状況は、今後もたびたび繰り返されることになるでしょう。

サブプライム・ローンと食料市場
　2008年の夏にピークを迎えた食料危機は、巨額のマネーの受け皿

（投資先）としてつくりだされた米国の低所得者向けの住宅ローン（サブプライム・ローン）が、借り手の返済能力を厳しく査定せずに貸し出されたことがきっかけでした。このローンは、厳しく査定すれば実行できず、巨額マネーの投資先を確保できないため、返済が滞っても良いように設計された商品だったとも言えます。米国ではそれまで住宅価格が上昇し続けていたので、返済が滞っても、融資側は担保物件である住宅を売れば儲かると想定していたのだと思われます。

　つまり、このローンはそもそも低所得者の住宅取得を本気で支援するローンではなかったということになりますが、日本と同じように国や地方自治体が低所得者の住宅確保に熱心でない米国では、そうしたローンに頼る低所得者が多かったのでしょう。しかし実際には、米国で住宅バブルがはじけて住宅の価格が下がり、サブプライム・ローンは担保物件を売っても損失が出る金融事業になってしまいました。米国では、住宅ローンの借り手は、返済が出来なくなっても担保物件を差し出すことでローンを精算できます。そのため、担保物件の価格が下落すると、ローンの貸し手である金融機関が損失を被ることになります。

　ところが、このローンは、リスクを分散させるために、さまざまな投資信託などの金融商品に埋め込まれて再販売されていたため、こうした金融商品の販売を通じてリスクが世界中にばらまかれました（今回の金融危機の直接的な最大の被害者は、自身の預金や年金にサブプライム・ローンのリスクが埋め込まれていることさえ知らされていなかった一般市民だったと言えるでしょう）。

　貸し出しから数年は金利が低く、数年後から金利が急に高くなる契約になっていたサブプライム・ローンでは、金利が上がる時期になると返済できなくなる人が続出するようになりました。そして、このロー

ン事業が損失を出し始め、金融市場が危機に陥ると、米国の金融当局が金利を引き下げたため、マネーの一部はより高い投資収益を求めて金融市場から逃げ出し、食料市場に殺到しました。米国の穀物取引市場では、2005年2月と2008年2月を比べると、月間の出来高（取引額）がトウモロコシで85％、小麦で125％、大豆で26％増加しました。その4割ほどが年金基金などの非営利機関投資家などによるものでした[註2]。市場の競り場（せりば）にお金を持っている人が急にたくさん集まってきて、これまでと同じ量の食べ物を我先にと買いあさったら、落札価格が急上昇するのは当たり前です。

主食以外に使われる穀物

　このように、食料価格が高騰した直接的な原因は投機マネーだったとしても、火のないところに煙は立たないと言います。通商白書が指摘するように、昨今の食料危機の原因の半分はマネー投機であったとしても、残りの半分は、食料の需要（消費）と供給（生産）のバランスが崩れたこと、あるいは、そのバランスが崩れつつあるという認識が広まっていることに起因していると考えられます。実際、世界では食料危機が起きる数年前より、穀物の供給量が消費量を下回る年が続いていたため、過去の在庫を食いつぶす状態に陥っていました。世界の穀物在庫量は07年にわずか55日分と大きく落ち込んでいました。国連食糧農業機関（FAO）などの国際機関も、食料が過剰だった時代から不足の時代に突入している可能性を指摘しています。FAOと経済協力開発機構（OECD）が毎年発行している「世界農業概況」の2008年の報告書[註3]では、今後10年間に主要な食料の価格は高止まりを続けるか、若干上昇すると予測しています。

　前述したとおり、世界では1人あたりで年間に340kg、つまり、す

べての人が毎日1kg近くを消費できる量の穀物が生産されています。しかし穀物は、主食として消費されるだけでなく、家畜や家禽（鶏）、あるいは養殖魚の飼料として使われています。また、トウモロコシはコーンスターチ（でんぷん）や甘味料（高果糖コーンシロップ＝HFCS。日本では、ぶどう糖が果糖に異性化された度合いが多い順から高果糖液糖、果糖ぶどう糖液糖、および、ぶどう糖果糖液糖などに分類される）、その他さまざまな調味料や食品添加物の原料となっています。たとえば、加工食品の原材料表示でしばしば目にする、グルタミン酸ナトリウムや、ソルビトール、キサンタンガム、デキストリン、クエン酸、乳酸などもトウモロコシからつくられています。さらに近年には、主に米国で、トウモロコシが自動車燃料となるバイオエタノールの原料として大量に消費されるようになりました。

　結果として、特に先進国では、人々が主食として消費する量よりも多くの量の穀物が、餌や甘味料、食品添加物、あるいは輸送燃料の原料という形で消費されるようになっています。世界全体の消費割合についても、穀物の47％が食用で消費されている一方、35％が飼料として、18％が加工でんぷんや甘味料、食品添加物、バイオ燃料などの原料などになっており、合わせて穀物全体の53％が食用以外の目的で消費されているのです。

　特に先進国では、穀物を主食以外で消費する割合が大きいため、1人あたりの穀物消費量が非常に多くなっています。穀物の1人あたりの年間消費量（2008）を計算してみると、先進国地域では704kg、途上国地域では244kgと大きく差があります。この数値を後発開発途上国（LDCs）だけで計算すると198kgです。もっとも貧しい国々の平均と先進国の平均では3.5倍以上の開きがあることが分かります。

　穀物のなかでも飼料や工業用（加工でんぷん、甘味料、食品添加物

およびバイオ燃料など）の原料として主食以外に使われる割合が特段に大きいトウモロコシの1人あたりの年間消費量を比べてみると、そうした状況がよりはっきりと分かります。トウモロコシの1人あたりの年間消費量は、先進国では315kgであり、そのほとんどが飼料用と工業用です。他方で、その量は途上国全体では63kg、そしてLDCに限れば、トウモロコシを主食にしている国が多数含まれているにもかかわらず、この量は36kgにしかなりません。トウモロコシの場合、1人あたりの平均で見ても、先進国の人々は、もっぱら主食以外の目的で、最貧国の人々の9倍近くもの量を消費しているのです。

飼料として消費される穀物

　食用の牛・豚・鶏などを肥育するには大量の穀物が必要です。その量は、実際の飼育方法によってかなり違いがでることは考慮しなければなりませんが、一般的に、育成期間が1年半～2年超と長い牛の肉1kgの生産には穀物が7～11kg、この期間が半年程度の豚の肉1kgには穀物が4～7kg、そして1ヶ月半程度で出荷する鶏の肉1kgには穀物が3～4kgが餌として必要だとされています。米農務省の試算では牛肉1kgの生産に13kg、卵1kgの生産に11kgの穀物が必要だとされています[注4]。これはたとえば、250ｇのビーフ・ステーキを食べたとしたら、それだけで穀物を間接的に2～3kg消費してしまったのと同じであるということです。

　食肉の1人あたりの年間消費量は、先進国では82kg、途上国では32kgです。また、牛乳・乳製品の1人あたりの年間消費量では、先進国で247kg、途上国で66kgと、食肉以上に大きな差があります。

　しかし特に最近は、中国やインドなど人口の多い新興国における中流人口が拡大していることが、食肉消費量を増大させています。この

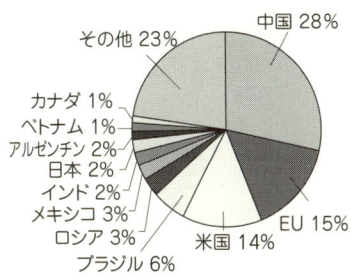

図1 世界の食肉消費量（2008）

出典：FAO Food Outlookの数値から作成

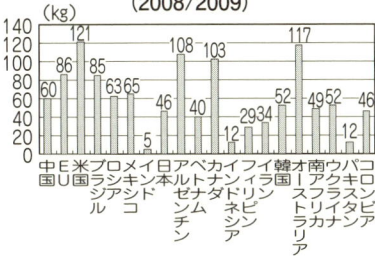

図2 1人あたりの食肉消費量（年間）（2008/2009）

出典：FAO Food Outlook June 2009およびUNFPA state of world populationの数値より算出

ことはすなわち、その裏で食肉消費量の伸びの何倍ものペースで飼料となる穀物の消費が伸びていることを意味します。インドと中国は2ヵ国だけで世界人口の4割を占めており、肉や魚など動物性たんぱくを日常的に摂取できるだけの購買力を持つとされる中流層は中国で1.3億人、インドで3.5億人にまで達しているとされます。食肉消費量を国別で見ると、確かに中国のシェアは28％と1位であり、すでにかなり大きくなっています。

しかし、食肉消費量が多い国について、1人あたりの年間の食肉消費量を算出してみると、中国はまだ60kg、インドは5kgに過ぎません。そうした現実を「爆食」と表現するのはかなり不適切と言わざるを得ないでしょう。何しろ、世界で1人あたりの年間食肉消費量がもっとも多い米国では、中国の平均の2倍に相当する121kgも消費しており、インドの平均値は日本の平均値の5分の1程度に過ぎないからです（実際に食用となっている部分だけに限れば、これら数値の7割弱になります）。

このことは、新興国が経済的に豊かになるにつれて米国型の食生活を追求するようになるとすれば、食肉消費量はまだまだ伸びる可能性があるということも意味しています。米国の1人あたりの穀物消費量

は年間で1,000kgを上回っており、世界のすべての人々が米国の人々と同じ生活を享受するとすれば、今の世界人口で計算しても、世界の穀物生産量は現在の3倍に増えねばならないことになります。

　実際には、中国やインドだけでなく、中南米諸国やロシアや中央アジアなど食肉文化を持っている地域や、東南アジアなどではまだまだ中流人口が拡大し続け、それに伴う食肉消費も増えていくと予想されており、食肉生産に振り向けられる穀物の量はこれからも増え続けることになります。このことが、穀物価格を中長期的に高止まり、あるいは上昇させる要因となっていくことはほぼ間違いないでしょう。このように、世界で食肉の消費が増えているなか、食用作物から作られるバイオ燃料の消費が増えれば、穀物をいくら増産しても追いつかない状態に陥るであろうことは火を見るより明らかです。

輸送用燃料の原料とされる穀物

　実際、昨今の食料価格の急騰に、より直接的に影響を与えていた要因としては、2000年代に入って食用作物がバイオ燃料の原料に転用されるようになってきた現実があります。世界各国でバイオ燃料の生産量が急増している背景には、2002年以来の原油高があります。1990年代には1バレルあたり20ドル前後で推移していた原油価格は、2000年代に入ってから徐々に上昇し始め、特に2003年以降に大幅な高騰を続けました。2008年7月には一時的に140ドル前後にまで上昇しています。

　それを受けて各国において原油依存からの脱却が切実な課題となり、それまでは生産コストが高いために実用化を阻まれていたバイオ燃料が脚光を浴びることになりました。原油価格の高騰によって、バイオ燃料の価格が相対的にさほど高くない状態となったためです（それでも、ほとんどのバイオ燃料は化石燃料であるガソリンやディーゼルよ

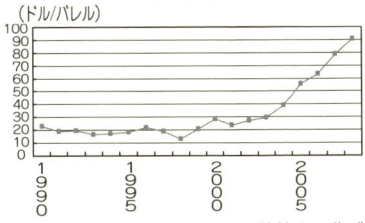

図3 原油価格の推移
出典: http://www.kakimi.co.jp の数値より作成

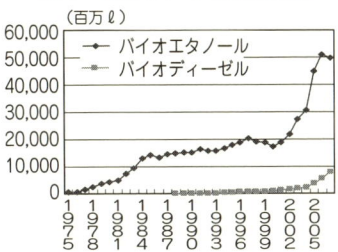

図4 世界のバイオ燃料生産
出典: F. O. Licht

りも割高であり、政府などの補助金を受けることで、かろうじて販売可能となっています)。

　また、CO_2などの温室効果ガス(GHG)を削減するためには、化石燃料に替えて「カーボン・ニュートラル」だとされる植物などの生物資源エネルギーを活用する必要があるという認識が広まっていきました。このような生物資源エネルギーは、燃料として燃やされるときに排出するCO_2を、植物が成長する過程ですでに大気中から吸収しているので、理論上は大気中のCO_2濃度を増やさないと考えられていたためです(しかし、後述するように、実際にはすべてのバイオ燃料がカーボン・ニュートラルであるわけではありません)。

　結果として、2003年頃よりバイオ燃料の生産が大きく増えています。2007年に、世界では約6,000万kℓのバイオエタノールと1,100万kℓのバイオディーゼルが生産されました。これは2000年と比べてそれぞれ3倍、10倍以上の量です。バイオ燃料の生産量は今後も増え続けると予測されており、OECDとFAOは、17年の生産量をバイオエタノールは1億2,500万kℓ、バイオディーゼルは2,400万kℓと予測しています。

　バイオ燃料を大別すると、サトウキビやトウモロコシなど糖質(でんぷんや糖)を蒸留して得るバイオエタノール(アルコール)と、植物油や獣脂などの油から粘性を取り除いて使用するバイオディーゼル

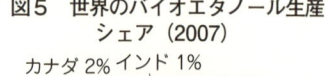

図5　世界のバイオエタノール生産シェア（2007）

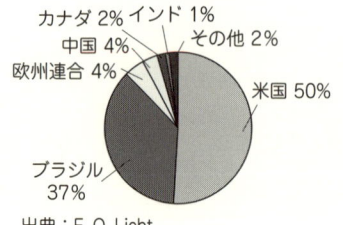

出典：F. O. Licht

（油）があります。現在生産されているバイオ燃料の大半はバイオエタノールです。そして、世界のバイオエタノール生産量の5割を生産している米国では、原料としてもっぱらトウモロコシが使われています。トウモロコシは、含まれるでんぷん質を糖に変えるプロセスを経ないとエタノールを蒸留できないため、その分、作物から直接に糖を抽出できるサトウキビなどからエタノールを生産する場合よりも熱を加えるプロセスが多くなり、生産にはより多くの化石燃料が必要です。また、トウモロコシは、サトウキビやビート（砂糖大根）などよりも単位あたりの糖質が少ないため、エタノールの生産効率は決して良くありません。しかし、すでに米国では2008年に国内で生産されるトウモロコシの総量の3分の1をバイオエタノールの生産に用いるまでになっています。

　1ℓのエタノールを生産するには、2kg以上のトウモロコシが必要です。ガソリンの代わりにエタノールだけで乗用車のガソリンタンク（60ℓ）を満タンにするとすれば、1回の給油分で実に120kg以上のトウモロコシを消費することになります。つまり、自動車ドライバーは、バイオエタノールを1回給油するごとに、最貧国の1人あたりのトウモロコシの年間消費量の3人分以上を自動車燃料として消費することになるのです。

トウモロコシ輸出大国である米国の変節

　食肉の生産においても、バイオ燃料の生産においても、今のところ主役はトウモロコシです。実際、トウモロコシは世界でもっともたく

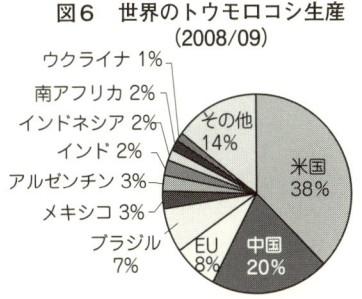

図6 世界のトウモロコシ生産（2008/09）
出典：FAO Food Outlook

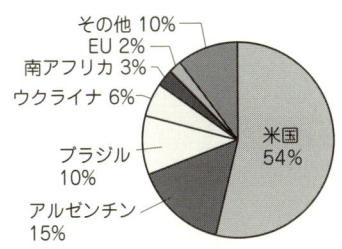

図7 世界のトウモロコシ輸出（2008/09）
出典：FAO Food Outlook

さん生産されている穀物であり、その割合は2007年に穀物全体の34％に達していました。

米国は、世界で生産されるトウモロコシの4割を生産しています。また、つい3年ほど前までは世界のトウモロコシ輸出の7割近くを米国が占めていました。今でも、その割合は5割以上です。

世界第2位のトウモロコシ生産国である中国は、国内の需要に生産が追いつかず、現在はトウモロコシを輸入して補っている状態にあります。同国は、2008/09年期にはトウモロコシを国内で1億6,500万トンも生産していたにもかかわらず、さらに海外から450万トンも輸入しています。この量は、国際貿易されているトウモロコシの量の5％に相当します。中国は世界第4位のトウモロコシ輸入国でもあるのです。その主な原因は、国内で家畜飼料の需要が伸びていることにありますが、中国でも穀倉地帯である東北部にトウモロコシからバイオエタノールをつくる工場が建てられ、エタノール向けにトウモロコシが消費されるようになってきていることも一因となっています。

結果として、トウモロコシの輸出の8割は米国、アルゼンチン、ブラジルの3ヵ国で占められており、なかでも米国が圧倒的なシェアを占めています。後述するように、米国はこれまで、巨額の農業補助金

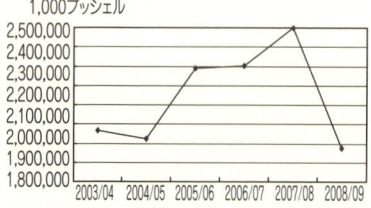

図8 米国のトウモロコシ輸出量の推移
出典：USDA

を使って穀物を生産コストよりも安い価格で輸出することで、このような独占的な地位を築いてきました。安い米国産の穀物との競争に敗れた日本や多くの最貧国では、主食生産農家は穀物をつくれない状況に追い込まれ、穀物の国内自給率が大きく低下しました。

しかし、ここにきて、トウモロコシの米国内消費が急激に増えたため、米国からのトウモロコシ輸出が減ることを見越した投機マネーが国際価格を高騰させました。実際には2007/08年期の米国のトウモロコシ輸出は増えていましたが、投機筋が予測したとおり、2008/09年期にその量は大きく減っています。

米国産トウモロコシでエタノール生産に回った割合は2007年には23％、2008年には34％であり、2017年には40％になると予測されています。世界全体では、2007年に生産された雑穀類（トウモロコシ・ソルガム・大麦など）の８％、植物油の９％がバイオ燃料の生産に使われました。しかし、同年生産されたバイオ燃料のエネルギー総量は原油換算で36.12 Mtoe（3,612万トン）であり、これは世界の一次エネルギー総消費量11,400Mtoe（114億トン）の３％に過ぎないのです。この割合を、たとえば30％にまで引き上げようとすれば、世界で生産されるすべての雑穀と植物油を投入しなければならないことになります。

巨額の公的補助を背景に、前述のとおり米国は世界のバイオエタノール生産の５割、そしてEUは世界のバイオディーゼル生産の６割近くを占めています。しかしバイオ燃料の価格の大半は原料によって占められており、米国のバイオエタノールとEUのバイオディーゼルの価格は、公的補助がなければ化石燃料の価格に太刀打ちできません。

にもかかわらず、バイオ燃料の普及が進む背景には、それを後押しする各国の政策があります。米国は、08年に入って改訂された再生可能燃料基準（RFS）によって22年までにバイオ燃料消費を１億3,600万kℓにまで拡大するとしており、EUは20年までに域内の自動車燃料に占めるバイオ燃料の割合を10％にする目標を立てています。06年にEU、米国、カナダのバイオ燃料補助金の総額は110億ドルに達しており、15年には250億ドルに達するとされています[注5]。

　これまでも、米国やEUはさまざまな農産物に対して直接・間接で巨額の補助を行ってきました。しかし、世界貿易機関（WTO）交渉でその巨額の農業補助金を大幅に削減するよう求められています。ですから、それに代えてエネルギー補助金として自国の農業とアグリビジネス（その多くがバイオ燃料分野に進出）およびエネルギー産業を堂々と支えられるバイオ燃料政策は、米国やEUにとっては渡りに船といったところなのでしょう。OECDは、米国とEUのバイオ燃料政策が継続されれば、2015年には雑穀類の13％、植物油の20％がバイオ燃料向けになると予測しています[注6]。

輸入バイオ燃料の時代へ

　今後、米国とEUは、域内でバイオ燃料の原料生産を大幅に拡大することが難しいこともあり、輸入を増やすことになるでしょう。世界のバイオディーゼル生産の６割を生産しているEUでは、すでにナタネなどの油糧種子の生産面積の22％がバイオ燃料の原料生産に使われており、2017年には域内の植物油消費の41％（世界の植物油消費の８％に相当）がバイオディーゼル生産のために消費されるようになると予測されています。2020年の達成目標を満たすためには、域内の油糧種子生産面積の84％をバイオ燃料原料の生産に回さねばならない計算と

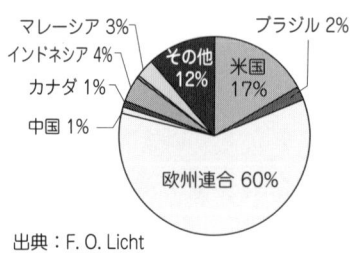

図9 世界のバイオディーゼル生産シェア (2007)

出典：F. O. Licht

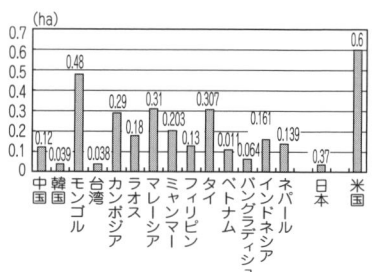

図10 1人当たりの耕作地面積

出典：ADB Key Indicators 2005の数値他より作成

なります[註7]。しかし、それはあまりに現実的ではないですから、これから増えていくのは域外からの輸入です。実際、EUはすでに、2000年から2006年の間にパーム油の輸入を倍増させています。オランダでは、すでにバイオ燃料の8割が輸入でまかなわれています。

　今後は、生産性が高く（温帯作物の2～3倍）、労働コストの安い熱帯地域のサトウキビやパーム油からつくられるバイオ燃料の生産と貿易が拡大するでしょう。そうなれば、南の国々の既存農地が、地域の人々のための食糧を生産することに代えて、輸出用のエネルギー作物の生産に供されるようになります。これは、すでに輸出用の換金作物のプランテーションが広がる途上国地域において、ますます人びとの食料自給が難しくなることを意味しています。特に人口あたりの農地面積が少ないアジアや、すでに食料自給率が極めて低く、栄養不良人口も多いアフリカでは、極めて深刻な事態が生じるでしょう。同時に、生物多様性の宝庫とされる熱帯地域の森林の開拓もさらに進み、バイオ燃料の原料を生産する畑に姿を変えていくことになるでしょう。

　今後、穀物、油糧種子、砂糖の価格は高止まりすると予測されています。OECDとFAOは、気候変動や異常気象、および水危機の影響を加味せずとも、1998～2007年の期間に比べ、2008～2017の価格は、

牛肉と豚肉は20％程度、粗糖と白砂糖は約30％、小麦・トウモロコシ・スキムミルクは40～60％、バターと油糧種子は60％以上、植物油は80％以上も高くなると予測しています[註8]。

コメの場合も、生産量が増え続けているにもかかわらず、需要の増加にまったく追いつかず、近年は他の穀物や油糧種子以上の価格高騰が起きています。このように、コメや雑穀類の価格が高まることが予測されるなか、すでに主食の多くを海外からの輸入に依存しているアフリカ諸国などの最貧国では、バイオ燃料向けのヤトロファ（ナンヨウアブラギリ）やキャッサバ、パームなどの栽培面積が拡大しています。

現在、バイオ燃料の原料として、あるいは食用・飼料用として、十分な穀物や油糧種子を確保することが各国の大きな課題となりつつあります。欧米諸国だけでなく、中東諸国や、中国、韓国、そして日本などが長期リース契約などでアフリカ諸国やフィリピン、インドネシア、パキスタン、ロシア、ウクライナなどの国々の農地を確保する動きが2006年頃より加速していることが報告されています[註9]。

このことは、購買力を持たない世界の最貧層の基礎的なニーズは無視され、食肉を消費し、自動車を乗り回す富裕層のために農地の囲い込みが進んでいるということを意味しています。

脅かされる食料生産基盤～食料生産と水問題～

人間活動に起因する温室効果ガスの排出によって気候変動が起きていることも、世界の食糧生産の基盤を脆弱にしています。たとえば、2006年秋以降の小麦価格高騰の一因は、同年にオーストラリアで発生した大干ばつでした。オーストラリアでは同年の小麦生産量が前年に比べて6割近く減っていました。同国はこの年も翌年も、前年までに

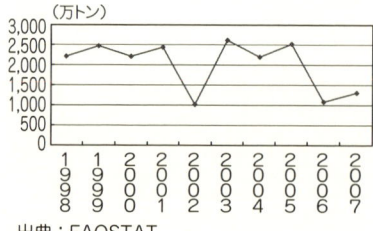

図11 オーストラリア小麦生産の推移
出典：FAOSTAT

備蓄した小麦を放出することで前年と同程度の小麦を輸出に回していました。しかし、この年は世界各地で干ばつが発生し、米国でも16％、EUでも6％、ロシアでも5％小麦の生産量が減っていましたし、ウクライナや南アフリカなど、他の主な小麦生産国でも干ばつが起きていました。また、オーストラリアで2002年にやはり小麦生産量が激減した際には翌年の輸出量が4割も減りましたので、今回も同じことが起きるだろうと予測されたことも、価格高騰の一因だと考えられます。

気候変動によって降雨パターンが変化していることと共に、近代の食料生産が過度に灌漑用水に依存するようになったことも、食料の安定的な生産を脅かしています。世界全体で見ても、人類の淡水利用の7割が農業用ですが、湛水灌漑が普及しているアジアでは、その割合は8割にもなります。

世界では、この半世紀に灌漑農地の面積が3倍に増えており、これまでに整備された灌漑農地の5分の1は、地下水の過剰なくみ上げなどによって塩類集積が進み、すでに耕作が不可能になっています[注10]。灌漑のために、世界各地で湖が干上がり、河川が分断されて河口まで水が流れなくなり、地下水が枯渇する事態も生じています。

米国では、トウモロコシの主な生産地を含む8州にまたがる巨大なオガララ帯水層の水が、今後20〜30年ほどで枯渇すると予測されています。これは、砂漠や半乾燥地を世界随一の食料生産基地に変えてきた代償ですが、同国からのトウモロコシ輸出に依存する世界の国々にとっても他人事では済まされない問題です。

インドと中国でも、食料生産が水環境を脅かし、水不足が食料生産を脅かしています。両国ではそれぞれ、数千kmにおよぶ巨大な導水路やパイプラインを建設し、今後さらに増大する水需要を満たそうとしています。しかし、これらプロジェクトの真の受益者は、両国で急増する都市人口と新興の産業セクターであると言われており、農業に十分な水が供給される可能性は低いとされます。

　オーストラリアでは、干ばつによって農業生産も大きな被害を受けていますが、それ以上に都市用水の不足が深刻となり、農家が農業用水を都市に売り渡すことが奨励されるようになりました。また、砂漠地帯につくられた米国の西海岸の都市と農業の間でも、限られた水を分け合わねばならない事態が生じています。

　コメ輸出量で世界5位のパキスタンでは、インダス川に無数のダムが設けられ、その水で主に輸出向けのコメや小麦がつくられています。その結果、極端に流量が減った河口付近では、海水が農地にまで進入し、地域の自給的な農業が成り立たなくなっています。しかし、パキスタンのコメ輸出が、多くの最貧国の人々の生命線となっているのも事実です。世界でコメ需要が増大し続ければ、結果としてパキスタンのコメ生産はますます増大し、インダス川の河口は完全に海に飲み込まれてしまうかもしれません[註11]。

　農業の近代化は、穀物の単位面積あたりの収量を格段に増加させましたが、結果として、大量の水とともに化学肥料を必要とするハイブリッド種子を用いた農業を世界各地に広めました。そのため、水環境は、過剰消費だけでなく、汚染という禍にも見舞われています。散布された窒素肥料の半分以上は作物に吸収されることなく土壌に残留するため、それが地下水を汚染しており、また、風雨などによって河川に流れ込んで表層水の水質も悪化させています。

米国では、年間におよそ45万トンもの除草剤が使われており、同国の河川や湖沼の半数は、飲み水に適さないどころか、泳ぐのさえ危険な状態にあると言われます。汚染された水は、河川を通じて最終的にメキシコ湾に到達します。これまでもメキシコ湾には、富栄養化による藻類の異常発生が原因で酸素が不足し、その他の生物がまったく生息できなくなった海域がありました。その規模は1990年代には4,800平方マイル程度でしたが、トウモロコシ・ブームが起きている現在、その規模は8,000平方マイルにまで拡大していると報告されています。

　トウモロコシや大豆などを米国に次いで大量に輸出しているブラジルやアルゼンチンでも、水問題は深刻です。ブラジルでは、脆弱な生態系を抱える半乾燥地帯（セラード）で地下水をくみ上げて大量の大豆が生産されており、また、大豆畑の拡大がアマゾンの森林破壊につながっています。アルゼンチンでは、ウルグアイとの間に横たわる巨大なラプラタ川が農薬や化学肥料で汚染されています。川から魚が姿を消し、地元の漁師は廃業を余儀なくされました。ロシアや中国、インドなどでも、水の不足と汚染は深刻な状態にあります。

　食料生産のための水が危機的な状況にあることは、世界の耕作地面積の拡大に限界があることや、農業生産性の大幅な上昇を見込めないことと並んで、今後の世界の農業生産の未来に暗い影を落としています。しかし、生産性を向上するために、農化学品を多用する近代農業を世界の隅々にまで広める試みは、水問題の解決とは真っ向から対立する行為なのです。

2. 食肉とバイオ燃料が環境と健康に与える影響

飼料生産の環境影響

　日本では、畜産と酪農が広まった当初より、米国産トウモロコシが主原料の飼料を与えることが前提とされていました。しかし、食用牛であろうと乳牛であろうと、牛という動物は本来、草を食べる反芻動物です。欧米などの緯度の高い国々では、人間が消化することの出来ない植物繊維を草食動物に食べさせ、肉や乳などの動物性たんぱく質を得ることで人々の生存が支えられてきました。人間は、太陽のエネルギーを使って炭水化物をつくりだす植物と、その植物を食べて人間が消化できないセルロース（植物細胞の細胞壁および繊維の主成分である炭水化物）から消化器内の微生物の力を借りてたんぱく質をつくりだす動物によって生かされてきたのです。しかし、このやり方では1haあたり1頭程度の割合でしか牛を育てることが出来ません。

　現在のような牛肉や牛乳の大量消費を可能としたのは、畑で作られたトウモロコシや大豆油の絞りかす（大豆ミール）などが主原料である配合飼料の登場でした。日本では配合飼料の原料の5割がトウモロコシであり、米国ではその割合は7割以上です。日本では、毎年輸入している約1,600万トンのトウモロコシの4分の3が家畜・家禽の飼料となります（残りは甘味料やでんぷんなどの加工食品の原料になります）。

　このトウモロコシを米国で生産・加工するプロセスで投入されるエ

ネルギー量は、控え目に見積ってもトウモロコシ１ブッシェル（25.4 kg）につき50,000BTU（英熱量単位。約12,600kcal）程度です[註12]。１kgのトウモロコシの生産に約500kcalの化石燃料が投入されているということです。これは、トウモロコシを生産するときに使用される窒素肥料の原料が天然ガスなどの化石燃料であり、そうした農資材の輸送にも、耕作のためのトラクターにも燃料として石油が使われているためです。つまり、私たちの身体の細胞やエネルギー源となった食肉の大元をたどると、飼料の原料となったトウモロコシが吸収した化石燃料のエネルギーにたどり着くのです。

仮に、家畜にこのトウモロコシだけを原料とした濃厚飼料を与えたとして単純計算すれば、牛肉１kgには約5,500kcalかけて生産されたトウモロコシが使われることになります。これは、牛リブロース肉１kgの2.2倍、ヒレ肉１kgの４倍以上のカロリー量に相当します。さらにトウモロコシの長距離輸送で使用される化石燃料や、畜肉が食卓に上るまでの輸送、冷蔵に使用されるエネルギーが加わることを考えれば、現在の形での畜肉消費は、気の遠くなるようなエネルギーの無駄遣いと、それによる大量の温室効果ガスの排出によって成り立っていると言えるでしょう。

FAO[註13]は、世界の温室効果ガス（GHG）排出量の18％が家畜産業から排出されていると推計しています。家畜は、世界のCO_2排出の９％、メタン排出の37％を占め、亜酸化窒素の総排出量の65％を占めています。また、家畜の飼料原料の生産地や牧草地などを考慮にいれると、世界のすべての農地の７割を家畜産業が直接、間接に使用していることになるとされます。国連の気候変動に関する政府間パネル（IPCC）のラジェンドラ・パチャウリ議長は2008年９月、「家庭では、食肉の消費を半分に減らす方が、自動車の使用を半分に減らすよりも温室効

果ガスの排出削減には効果的である」と述べ、地球温暖化を食い止めるために食肉消費を削減するよう呼びかけました[註14]。実際、輸送部門の温室効果ガス排出量は全体の13.5％であり、家畜産業の排出量を下回っているのです。

大規模・集中化が進む家畜産業

　家畜をトウモロコシが主原料である配合飼料で肥育するようになると、広い牧草地は必要ではなくなり、逆に、給餌と管理を効率化するために、狭い囲いにたくさんの家畜を「過密飼い（多頭飼い）」することが一般的になりました。しかし、過密飼いは、前述した温室効果ガスの排出という問題だけでなく、さまざまな深刻な負の側面を伴っています。

　まず、家畜が排泄する大量の糞尿の問題があります。北海道の試算では、家畜が1日に排泄する糞尿の量は、人が排泄する量と比べると、乳牛で65倍、豚で6倍です。BOD（生物的酸素要求量）換算では、乳牛は人の100倍、豚は15倍、そして鶏1羽でも0.77倍にもなります。米国における同様の試算では、乳牛の糞尿のBODは人と比べると130〜160倍にもなります。

　家畜の糞尿は、かつては広い牧草地や畑の肥やしとなってきました。しかし畑に化学肥料が普及し、家畜が過密飼いされるようになると、堆肥化される糞尿は減り、そのサイクルが断ち切られました。家畜産業から出される大量の糞尿がため池から漏れだし、河川や地下水を汚染するようになりました。新型の豚インフルエンザが最初に発生したとされる米資本スミスフィールド社のメキシコにある養豚場では、まさにこのような糞尿のため池で発生したハエが、このインフルエンザを人に媒介した可能性が高いと言われています。また、糞尿からは、

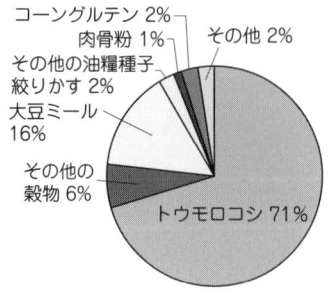

図12　米国の飼料の内訳（2008/09）

出典：USDA

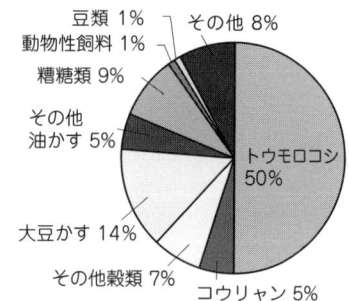

図13　日本の配合飼料の内訳

出典：農水省

強力な温室効果ガスであるメタンが排出されますが、その排出量は、ため池に集められて放置される場合の方が、堆肥化され土に戻る場合に比べて格段に多いことが指摘されています[註15]。

　家畜・家禽の餌には、できるだけ短期間により少ない餌で大きく肥育するために、その家畜・家禽が本来は食べないような原材料が使われています。たとえば米国では、草食動物である牛に穀物であるトウモロコシや油糧種子である大豆の絞りかすを与えているだけでなく、牛の脂肪や血液、鶏や豚の死骸の一部、鶏舎の敷きわら（鶏の餌や糞が含まれている）なども食べさせています。

　この新しいリサイクル・システムこそ、BSE（通称、狂牛病）を発生させたシステムにほかなりません。もちろんBSEの発生後、牛に牛の肉骨粉を直接与えることは禁止されましたが、米国では今も鶏や豚はこの肉骨粉を食べており、その鶏の餌や糞を牛が食べているため、そのサイクルを通じて異常プリオンが牛の身体に再び入り込む危険が非常に高いことがたびたび指摘されています。また、今でも米国の牛は、牛の脂肪や血液などを「共食い」させられているのです。

　成長を促進する目的で餌に抗生物質が加えられている場合もありま

す。また、米国では、乳量を増やすためにEUや日本では使用されていない牛成長ホルモン剤が乳牛の22％に使われています（この数値は、500頭以上を飼育している大規模酪農場の場合では54％に上ります）註16。牛成長ホルモンが残留した牛乳や乳製品を人が摂取した場合、乳ガンや前立腺ガン、結腸ガンの原因となることが分かっています。

不健康な家畜と不健康な現代人

　家畜・家禽を非常に狭い空間に閉じこめる理由の一つも、身動きが取れなくすることで、効率よく体重を増やすためです。過密飼いされる家畜や家禽の肉体的・精神的なストレスが非常に高いことは、これら動物の健康状態に悪影響を与えています。鶏はくちばしを切られ、豚はしっぽを切られ、牛はしっぽと角を切られますが、それは、これらの動物がストレスから仲間の動物を突いたり、嚙ったりすることが多いため、それを予防する目的で行われるのです。

　肉体的・精神的に非常にストレスのかかった状態で一生を過ごす家畜動物は、病気になりやすく、また、過密な環境下では、ひとたび感染症が発生すればあっという間に感染が広がり、全滅してしまう危険が高くなります。そのため、家畜産業では、成長促進という目的とは別に、感染症の治療や予防のためにも大量の抗生物質を餌に混ぜて食べさせるなどしています。米国でも日本でも、国内の抗生物質の総使用量の7割が家畜に使われている計算になります。

　このような抗生物質の濫用によって、家畜の体内、あるいは畜肉を食べた人間の体内でさまざまな抗生物質に対する耐性を獲得した細菌が生み出されています。その代表的な例が、MRSA（メチシリン耐性黄色ブドウ球菌）やVRE（バンコマイシン耐性腸球菌）、VRSA（バンコマイシン耐性黄色ブドウ球菌）、PRSP（ペニシリン耐性肺炎球菌）

などです。複数の抗生物質に耐性を持つMDRP（多剤耐性緑膿菌）の存在も知られています。これらの耐性菌に病院内で感染して亡くなる人も増えています。日本でも多数の感染例と死亡例が報告されていますが、米国では毎年、耐性菌による感染で１万8,000人ほどが死亡していると報告されています。

　抗生物質が多用される理由の一つは、不自然な給餌にもあります。前述したように、特に草食の反芻動物である牛は、植物繊維に代えて穀物やたんぱく質、油脂などを与えられることで健康を著しく損なってしまいます。牛の第一胃（ルーメン）は通常なら中性なのですが、配合飼料を与えられると酸性化してしまい、胃酸過多となって潰瘍ができ易くなります。また、たんぱく質の過剰摂取によって過剰につくりだされたアンモニアが全身に回ると肝機能が異常を来し、肝臓に潰瘍ができ、生殖系にも異常が発生することになります。

　第一胃の酸性化は、内部のバクテリアのバランスを変え、大腸菌を増やします。これがO-157の主な発生原因だと指摘されています。米国では、大量の牛を猛スピードでと畜・解体している食肉加工場においてO-157などの大腸菌が含まれた牛の糞尿が食肉に付着・混入している可能性が高いことが再三指摘されてきています。また、米国ではこれまでにも、大規模畜産経営体から排出された糞尿が畑に入り込んだ結果として、ほうれん草などの野菜類からのO-157感染が起きています。こうした認識が広まるなか、少なくとも家畜に出荷の数日前から粗飼料（草）を与えることが推奨されるようになってきました。

　また、牛が他の動物の未発酵の糞尿や、窒素過多のトウモロコシを食べることなどによって窒素を過剰摂取すると、それが牛の体内で亜硝酸塩に変化して慢性的な亜硝酸中毒を引き起こし、食欲不振や不妊、乳量の減少などの症状をもたらします。以前には、日本でも農地に施

肥されたばかりの窒素肥料や、家畜の糞尿がもれだした場所に生えている草を食べて牛が窒息死するという、急性の亜硝酸中毒も数多く起きていたと言われます。亜硝酸塩は非常に危険な物質なのです。実際、濃厚な配合飼料を食べている家畜の糞尿からつくった堆肥は、発酵が不十分であったり、施肥量が多すぎたりすると、作物を枯らしてしまうこともあるということです。

作物が枯れないまでも、硝酸態窒素を貯め込んだ作物を人や牛が摂取すると、体内で亜硝酸塩に変化し、強力な発ガン物質であるニトロソ化合物がつくり出されることにもなります。有機農産物であっても、硝酸態窒素が多く含まれた作物は身体に非常に有害なのです。また、亜硝酸塩は、ブルーベビー症候群とも呼ばれた乳児メトヘモグロビン血症（酸素欠乏状態。死亡することもある）の原因物質でもあります。

身動きの取れない狭い囲いのなかで大量の高カロリー食を与えられ、より早くより大きく肥育された家畜は、最終的には歩くことさえ困難な状態になります。結局の所、私たちは現在、そのような病気の、または病的な動物の肉を食べているのです。また、鳥インフルエンザや豚インフルエンザが家畜動物の間で大流行したことも、これらのウィルスが種の壁を越えて人に感染するウィルスに変異を遂げたのも、そうした過密な環境で家畜動物への感染が繰り返された結果だと言われています。ワクチンの投与も、家畜動物のウィルス感染を防止するのではなく、症状を軽くする効果しかありませんので、管理者が気付かないうちに家畜の間で感染が広がってしまう結果を招いているとされます。

しかし、私たちの多くが、柔らかく、さしの入った霜降り肉が大好きですし、乳脂肪分の多い濃厚な牛乳を1年中飲めるのが当たり前と思っています。そのような牛肉や牛乳は、家畜に配合飼料を与えなけ

れば得ることはできないのです。現在、日本が輸入している牛肉の大半はオーストラリア産ですが、そのほとんどが、やわらかい「穀物牛」であると宣伝されています。かつてオーストラリアからは、牧草などの粗飼料で育てられた牛の肉が輸入されたこともありました。しかし、日本人がそうした肉を好まなかったため、日本の大手精肉会社（ハム会社）などが現地に日本の牛を持ち込み、穀物を与えて育てた牛を「開発輸入」するようになったのです。

現在、畜産・酪農の大規模・集約化がもっとも進んだ米国では、こうした家畜産業のあり方に対する批判が高まった結果として、議会で抗生物質の使用禁止が議論され、スーパーには「グラスフェド（草を給餌された、または放牧された牛の）ビーフ」というラベルの貼られた牛肉も並ぶようになりました。EUは、家畜動物に十分なスペースや光、新鮮な空気、水、餌を与えることを基準として定めています。

バイオ燃料のためのトウモロコシ生産拡大がもたらしたもの

化石燃料をバイオ燃料で代替することが、必ずしもGHG排出量の大幅な削減につながらないことも明らかになってきました。バイオ燃料による代替で削減できるGHG排出量は、ブラジルでサトウキビからつくられるエタノールでは最大90％にもなりますが、ビートからつくられるエタノールでは40〜50％程度であり、トウモロコシなどのでんぷんからつくられるエタノールのGHG排出削減効果はそれよりもずっと少ないのです。

他方で、米国でトウモロコシからつくられているエタノールは、生産されるプロセスで大量の化石燃料エネルギーを消費するため、エタノール生産時につくられる副産物である蒸留カス（DDGS）を飼料などで有効活用することを考慮したとしても、GHG削減率は13％に留

まるというのが専門家の見解です[注17]。コーネル大学のピメンテル教授の試算では、投入エネルギー（化石燃料）よりも産出エネルギー（エタノール）の方が少ないという結果になっています。

米国では、エタノール向けトウモロコシの需要が高まった結果として、

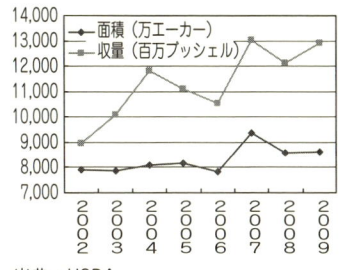

図14　米国のトウモロコシ生産の推移

出典：USDA

同じ畑でトウモロコシと大豆の輪作が行われなくなりました。米国では以前には、5年間のうち2年間は、大気中の窒素を土壌中に固定して土壌を豊かにしてくれる大豆を栽培し、残りの3年間でトウモロコシを栽培するのが一般的でした。そうすることで、天然ガスなどの化石燃料からつくられる化学窒素肥料の投入量を減らすことができるからです。

これが実践されなくなった結果として、化学肥料の投入が増え、また、トウモロコシの連作障害（雑草や線虫など）を避けるための除草剤や殺虫剤の散布量も増大していると言われます。除草剤や殺虫剤の生産にも化石燃料が使われています。米国産トウモロコシの生産には、以前にも増して大量の化石燃料が必要とされるようになっているのです。

また、輪作が行われなくなったために、米国では大豆の生産量が減っています。食料危機が起きた2007年に、米国の大豆の作付面積は前年比で16％も減り、生産量は同19％も減っていました。このことが、2007年から2008年夏にかけて、トウモロコシ価格やその他の穀物価格だけでなく、油糧種子である大豆の価格も高騰した主な原因だと言われています。

同国には、環境保全のために農地の一部を一定期間休耕させること
を政府に約束した農家が補助金を受けられる制度があります。近年、
この制度に登録されていた農地も、次々にトウモロコシ畑に姿を変え
ているとされます。森林や草地にまでトウモロコシ畑に転換されてい
るという指摘もあり、そうだとすれば、温室効果ガスの排出削減にも
実際にはほとんど役立っていないトウモロコシ由来のエタノールを生
産するために、CO_2の吸収源となっている森や草地が破壊されている
ことになります。

農地を広げてバイオ燃料をつくれば、温室効果ガスの排出が増える

森林や草地などの自然生態系が破壊されれば、植物と土壌に蓄えら
れてきたCO_2が燃やされるか微生物分解されることによって大気中に
放出されます。土壌と自然の植生は、大気中に存在するCO_2の最大2.7
倍のCO_2を蓄えています。熱帯の生態系に貯蔵されているCO_2の量は、
人類が毎年排出するCO_2の40倍を上回っているとされます。しかし、
主に農地の拡大による熱帯林の喪失で、すでに毎年最大で15億トン
ものCO_2が大気中に排出されており、これはIPCCによれば毎年のCO_2排
出総量の20％に相当します[註18]。

自然生態系が破壊されてから50年の間に放出されるCO_2の総量を
「カーボン・デット（炭素の負債）」として計算し、それをバイオ燃料
で化石燃料を代替することによるCO_2排出削減によって「返済」でき
る年数を試算する研究[註19]があります。それによると、マレーシアと
インドネシアで低地を切り開いて生産されたバイオ燃料（主にパーム
油からつくるディーゼル）のカーボン・デットは最大86年です。つま
り、このバイオ燃料で石油ディーゼルを代替することでGHG削減が
削減できたとしても、86年間は畑を切り開くために原生林が破壊され

たことによるGHG排出量によってその削減量は相殺されてしまうということです。泥炭地の場合は、破壊された生態系からCO_2は120年間放出され続け、カーボン・デットの返済には840年以上必要です。

　ブラジルのアマゾンを切り開いて生産した大豆のディーゼルの返済期間は最大320年であり、同国のセラードを切り開いて生産した大豆の返済期間も最大93年です。セラードで生産されたサトウキビ由来エタノールの返済期間は最大17年間と比較的短いですが、米国で農地保全プログラムの下で草地に戻されて15年経った土地を農地に戻してエタノール用トウモロコシを生産した場合、その返済期間は最大48年にもなります。

　他方で、ある研究[註20]は、土地利用形態の変化によるCO_2排出を度外視しても、実質的に温室効果ガスの排出を減らす効果が認められるのはブラジルのサトウキビ由来エタノールと、スウェーデンやスイスで生産されているセルロース製造過程の副産物から生産されるエタノール、および動物性油脂や食用廃油を利用した場合に限られると結論づけています。この研究では、原料生産による土壌の酸性化や肥料使用、生物多様性の喪失、農薬の毒性などを考慮した場合、バイオエタノールとバイオディーゼルの環境影響は、ガソリンや鉱物ディーゼル油のそれを優に上回っているとも指摘しています。他の研究[註21]でも、化石燃料よりもGHG排出が50％以上少ないのは、液肥、食用廃油、ブラジルのサトウキビ、中国のソルガムで生産されたバイオ燃料と、スイス国内の草・木・ビート・乳清を使ったメタノールとメタンのみであると論じています。

バイオ燃料では解決できない

　このように第一世代のバイオ燃料は、GHG削減という点ではほと

んど役立たないどころか、GHG排出量を増やしてしまう可能性が高いのですが、植物のセルロースや家畜の屎尿などからバイオ燃料を生産する「第二世代バイオ燃料」はどうでしょうか。この燃料は、草や木、作物残渣、あるいは廃材や紙くずなど食べ物と競合しない材料から生産できますが、市場化を可能とする効率的でコストが見合う方法が見つかっていません。

　また、作物残渣を農地からすべて取り除けば農地の生産性は維持できないため、バイオ燃料の原料に回せるのはその25～33％程度に過ぎないと推計されています。森林資源に対する需要も今後増大が予測されており、また、これら資源の大半が生態系の維持や土壌劣化を防止のために森林のなかに留められる必要があります。家畜の糞尿などの有機廃棄物は、バイオ燃料として利用するためには大規模な操業が必要となりますが、広範囲から集めるとなると今後は輸送コストの問題が生じるという矛盾を抱えています。食用廃油や獣脂からディーゼルを生産している工場もありますが、原料供給は限られています[註22]。

　草や木などのリグノセルロース原料によるバイオ燃料の商業生産が可能となっても、それらが廃棄物の再利用でない場合は、原料が荒地で栽培される場合を除いて、自然界からのCO_2排出量はますます増加することになると指摘されています[註23]。

　各国のバイオ燃料推進のための政策のほとんどが、当初はGHG削減への貢献度や、食糧への影響の有無など考慮していなかったため、コスト面でもGHG削減という面でも非効率で、食糧需給に悪影響のあるバイオ燃料が増産されてきました。しかし、こうした現実に対して世界的に批判が高まったため、各国の政策は修正を余儀なくされています。米国では、ガソリンやディーゼルを使用した場合よりも一定程度以上の温室効果ガス排出削減が見込まれるバイオ燃料のみを認め

るという方向に政策を転換しましたし、EUでは、バイオ燃料の原料生産のために土地利用が変化した場合の温室効果ガス排出まで視野に入れた新たな規制が検討されています。

　しかし、温室効果ガス削減のためにより有効な手段は他にいくらでもあるのです。

　国連開発計画（UNDP）は、温室効果ガスの排出削減により効果的な方法として、ガソリン税による需要側のコントロールと、燃料効率が悪くCO_2排出量の大きい自動車ほど車両使用税を大幅に重くするといった政策の導入を勧告しています[註24]。また、森林や草地、泥炭地や湿地、沼地などの保全によって、CO_2の吸収源を維持・復活することの方が、バイオ燃料よりも地球温暖化防止に貢献すると指摘する研究もあります[註25]。バイオ燃料ブームは、そうした保全措置を可能とする規制的措置や、経済的誘導策（CO_2排出に対するより重い課税を含む）が真剣に検討される必要があることを再確認するだけの結果に終わるのではないでしょうか。

3．なぜ飢餓がなくならないのか

下がらない食料価格

　国内では現在、2008年7月のピーク時に比べれば随分落ち着いたと感じている人は多いかも知れません。実際、ピーク時に比べると、食料価格はずいぶん下がりました。しかし、2009年9月の時点でも、世界の食料価格は2002〜04年の平均価格と比べると、1.5倍程の水準にあり、決して以前の水準にまで戻ってはいません。日本国内でも、総務省の「家計調査報告」によれば、世帯ごとの消費支出（住居費除く）は2005年平均に比べて2009年1〜3月期には3.8％（単身世帯では4.5％）減少している一方で、2009年2月の消費者物価指数を2005年のものと比較すると、食パンで18％、スパゲッティで28％、チーズで21％も高くなっています。

　しかし、昨今の食料危機の最大の被害者は、なんと言っても世界の最貧層の人々です。1日2ドル以下の所得で暮らす世界の26億人にとって、食料価格の高騰は文字通り死活問題になっています。

　後発開発途上国では、人々の所得に占める食費の割合は非常に高く、その割合は、OECD諸国では13〜20％程度であるのに対し、ケニアでは51％、ハイチでは52％、バングラディシュでは62％にもなります[註26]。しかも、これはあくまで国内の平均値ですので、この割合が23％程度の日本でも貧困層では30％以上を食費に費やしていることを考えれば、これら国々の貧困層は所得の8割以上を食費に費やしてき

た可能性があります。そのような貧しい人々は、ほんの少し食料価格が上がっただけで食料を入手できなくなってしまいます。それが、2008年に入ってから世界各地で食料を求める抗議行動や暴動が相次いだ理由です。

そして、世界の貧困国では、今でも食料危機が続いています。世界食糧農業機関（FAO）の調査[注27]では、2009年7月の時点で、アフリカ、アジア、ラテンアメリカの調査地点のすべてで、穀物の価格が2年前よりも25％以上高くなっているケースが過半を占めていました。FAOはまた、アフリカ各国で主食となる穀物の価格が高騰していると報告しています。トウモロコシを主食としている東アフリカの国々では、2009年6月のトウモロコシの価格を2年前の価格と比較すると、タンザニアのダルエスサラームで158％、ウガンダのカンパラで120％、ケニアのナイロビで96％も高くなっています。主食を輸入米に依存している西アフリカ諸国でも、同期間に輸入米の価格が上昇しています。その割合はセネガルのダカールで60％、ニジェールのニアメで53％、ブルキナファソのワガドゥグーで50％、マリのバマコで43％です。国連世界食糧計画ハンガーマップを見ると、ここに挙げた7つの都市の栄養不良人口の割合はすべて2割を超えており、その割合はダルエスサラームでは47％、ナイロビでは44％、ニアメでは36％と特に高くなっています。

図15　FAO食料価格インデックス

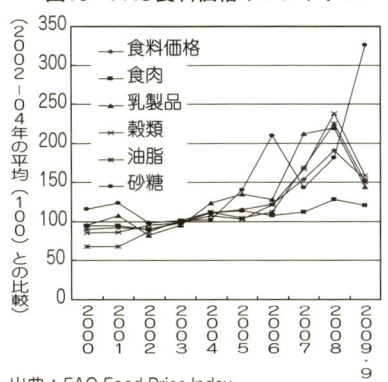

出典：FAO Food Price Index

なぜ貧しい国々に食糧が行き渡らないのか

　食料危機の背景には、アフリカやカリブ、太平洋州などに集中する世界の最貧国のほぼすべて（68ヵ国）が、食料の輸入総額が輸出総額よりも多い「食料純輸入国」であるという現実があります。これら国々のほとんどは、コーヒー、紅茶、熱帯果物、砂糖、鉱物などの一次産品のうちわずか2～3品目の輸出によって外貨を獲得しており、その貴重な外貨で主食穀物などの主要な食品を輸入しているのです。

　こうした国々のなかには国内総生産（GDP）に占める一次産品輸出額の割合が4割を超える国も多く、ウガンダやザンビアではその割合は5割を超え、ギニアビサウでは9割を超えています。ところが、その一次産品価格のほとんどが過去100年間に実質的に低下の一途にあります。特に1980年から2000年代半ばまでにコーヒーとココアの価格は6割、砂糖の価格（ニューヨーク市場）は7割以上も下落していました。結果として、2～3品目の一次産品の輸出に依存してきた最貧国の経済は大きく落ち込み、これまでのように国際市場から主食を調達し続けるのがそもそも難しい状況に追い込まれていました。食料価格の高騰は、そうした国々の最貧層の窮状に追い打ちをかけることになりました。

　他方で、コーヒーやココアなど南の国々の一次産品を消費している北の国々の消費者には、これら品目の国際価格が暴落していた事実はあまり知られていません。それもそのはずで、これら品目の消費者価格はほとんど変化しておらず、消費者は国際価格下落の「恩恵」を受けていないのです。では差額はどこに消えてしまったのか、という問いに対する回答は、一次産品の生産者と消費者の間をつないでいる加工・流通部門に吸収されたと言うほかありません。実際、コーヒーやチョコレートを扱うグローバル食品企業の売上は増え続けているので

す。

しかも、そもそも、南の国々の一次産品の生産者の手取りは、コーヒーの場合でもバナナの場合でも消費者価格の１％以下である場合が多いのです。以下は、そうした現実を裏付けるウガンダのコーヒー輸出の事例の記述です。

> 農民は１キロ14セントで仲買人に売り、仲買人はそれを加工工場に19セントで売る。工場は加工して１キロにつき５セントを得る……袋詰めにされたコーヒーは１キロあたり２セントの輸送費をかけてカンパラに送られる。ウガンダの大手コーヒー輸出業者ウガコフは……１トンあたり10ドル、すなわち１キロあたり１セントの儲けで満足している。しかも、この額は、高品質のコーヒーの場合の利益である。……その豆が、たとえばネスレ社のコーヒー加工工場があるウエスト・ロンドンに到着すると、１キロあたり１ドル64セントになる。ネスレ社の工場に入る時点で10倍を優に上回る価格になっているのだ。しかし、価格が跳ね上がるのはその後だ。ここで焙煎された豆は、生産者価格の200倍近い１キロあたり26ドル40セントに値付けされるのである[註28]。

グローバル食品企業にとっては、そもそも原料の現地調達価格が１％以下でしかないのだとすれば、南の国々で生産される一次産品の価格が半分になろうが、２〜３倍になろうが、大差はないということになります。この例では、生産者の手取りは消費者価格のわずか0.5％に過ぎません。

債務問題がもたらした**商品作物生産の拡大**

貧困国の一次産品生産者の生活を改善するには、生産国内で最終商品まで加工し、生産国の政府や企業が国際貿易に直接携わることを通

じて、生産国の取り分を増やし、それが生産者にまで行き渡るようにする必要があります。ところが現実には、途上国の政府自身による一次産品の価格安定策や国家貿易企業のほとんどが、世界銀行や国際通貨基金（IMF）などの勧告を受けて潰されてきました。これらの国際金融機関は、累積する南の国々の対外債務を返済させるために、政府の（農業支援のための支出を含む）支出を削減させました。一次産品の生産者は、政府の庇護を失い、グローバル企業との直接取引などを通じて、国際市場に放り込まれることになりました。

この途上国の債務問題は、遡れば1970年代前半に、石油価格が高騰した結果として生まれた巨額のオイルマネーが北の国々の銀行を経由して独立間もない南の国々に貸し付けられたことが発端となっています。この貸付はドル建て、変動金利だったため、その後、南の国々の自国通貨の対ドルレートが下がり、1970年代後半から金利が上昇したことで、途上国全体では実質的に年利9％程度の貸付を受けたのと同じことになってしまいました。その結果、1980年代に入るとメキシコを筆頭に、債務が返済できない国々が続出する事態となります。貸付金の回収を優先する国際金融機関と北の国々の政府は、債務国である途上国政府に対して、政府支出を減らし、対外債務の返済に必要な外貨を獲得するために輸出振興することを求めました。これに応じない限り、途上国には、債務の繰り延べ（返済の先延ばし）や借り換えが認められなかったのです。

こうして、南の国々では一斉に輸出作物の栽培が拡大しましたが、南の国々の多くが似たような気候帯に存在しており、大量に輸出できる一次産品の品目は限られていました。輸出作物の奨励によってコーヒー、紅茶、砂糖、ココア、綿花、キャッサバなどの世界生産量が増加し、これら品目の国際価格は大幅に下落しました。その結果、南の

国々は、いくら生産を増やしても収入が増えないという悪循環に陥ってしまいました。1977年より一次産品価格を安定させるために18品目についてそれぞれ国際一次産品協定がつくられましたが、米・EU・ソ連等の大生産国の非協力や、加盟国間の輸出割当で合意できず、こうした国際的な取り組みはほぼすべて失敗に終わっています。

最貧国が主要食品を自給できなくなった訳

　現在はコメなどの主食穀物をもっぱら輸入に依存している最貧国の多くが、かつては主食を自給できていた現実もあまり知られていません。たとえばハイチでは、今回の食料価格高騰で国民の多くが食料を入手できなくなり、空っぽのお腹を満たすために泥に塩とショートニングを混ぜてつくった「泥クッキー」が広く食用されました。この国でも、かつてはコメと砂糖をほぼ自給していたのですが、現在のコメの自給率は25％に過ぎず、毎年2億7,000万ドルを費やして米国から20万トンものコメの輸入を行っています。これは、1990年代にアリスティド政権がコメとトウモロコシの関税の半減を米国に強要されたことの帰結です。

　トウモロコシの原産地であるメキシコでは、トウモロコシは主食であるだけでなく、生活と文化において中心的な役割を果たしてきました。しかしこの国でも、1994年に米国、カナダと締結した北米自由貿易協定（NAFTA）が発効すると、米国から政府の補助金を受けた安価なトウモロコシが大量に流入するようになりました。メキシコのトウモロコシ自給率はまたたく間に低下し、今では日本に次いで世界第2位のトウモロコシ輸入国となってしまいました。先祖代々トウモロコシを栽培してきたメキシコの生産者のうち、およそ200万人がNAFTA発効後に離農を余儀なくされたと言われます。

図16 米農業補助金によるダンピング比率
出典：FAOSTAT

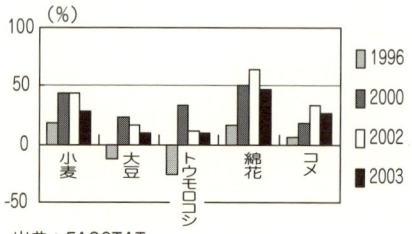

このように、ハイチやメキシコで主食自給率が低下したのは比較的最近のことでした。それに対して、サハラ以南諸国や他のカリブ諸国、東南アジアの国々では、それよりもずっと以前より、同様の事態に直面していました。たとえば、セネガルやナイジェリアもかつては主食の多くを自給していましたし、世界最大のコメ輸入国となったフィリピンやインドネシアもコメを輸入してはいませんでした。ところが、1950年代から、米国が公法408号（平和のための食料援助措置）を通じて、国内の余剰農産物を政府資金で買い上げ、途上国に援助するということを繰り返しました。

その結果、実際の生産コストを無視した安価な米国産の穀物等が途上国の市場に流れ込み、途上国内の主食生産の基盤は崩壊の道をたどることとなったのです。このプロセスで、熱帯に位置する最貧国において、温帯でしか栽培できない小麦食が広まったことも、最貧国の主食自給を絶望的なものにしています。主食生産に従事してきた小規模な家族農家は農地を追われ、都市周縁部のスラムを拡大させていきました。他方で、遺された農地には富裕国向けの商品作物の生産拠点がつくられていきました。

1970年代になると、こうした食料援助に加えて、米政府の巨額の補助を受けた米国産農作物や、欧州共同体（EC）の巨額の農業補助金を受けた欧州各国の農産物が、やはり生産コストを下回る安い価格で途上国市場に大量に輸出されるようになり、途上国の主要食料の生産基盤をさらに破壊しました。このような米国やEU諸国による農産物

図17　米国における主要作物の生産量の推移（1961-2007）

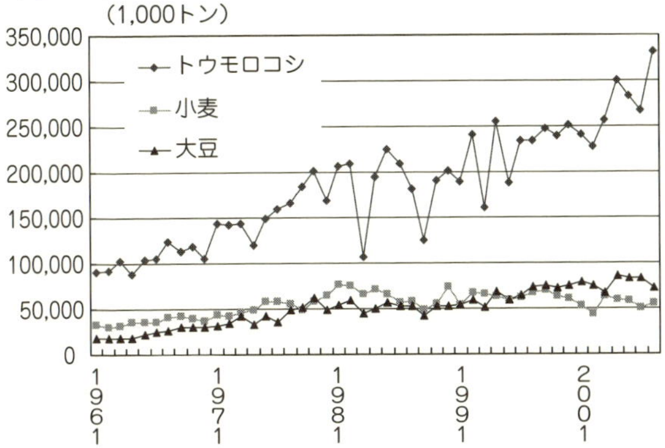
（1,000トン）
350,000
300,000
250,000
200,000
150,000
100,000
50,000
0
トウモロコシ
小麦
大豆
1961
1971
1981
1991
2001

出典：FAOSTAT

の「ダンピング輸出」を止めさせようと、貿易自由化交渉では常に欧米の農業輸出補助金の問題は常にやり玉にあげられてきたのですが、現在に至るまでこうした補助金は廃止されていません。現在でも、EUの総予算に農業補助金が占める割合は４割に達しています。EUにとって、域内の農業を保護するための農業補助金と、途上国からの安価な農産物の域内への流入を阻止するための輸入農産物に対する高関税は、根幹をなす主要な政策の一部なのです（現在WTOで行われているドーハ交渉では、EUと米国が農業輸出補助金の削減あるいは撤廃を約束していますが、その額はEU農業予算の３％程度に過ぎないと指摘されています。米国による農業補助金の削減分は、後述するように、バイオ燃料に対して新たに拠出されるようになったエネルギー補助金によって補われているように思われます）。

米国とEUではなぜ農業に巨額の補助金が出るのか

日本の農水省は、日本の食料自給率の低さを訴えるときに、他の先進諸国における自給率の高さを引き合いに出します。その数値は、な

ぜかいまだに2002年のものなのですが、フランスが133％、アメリカが119％、ドイツが91％、英国が74％、スイスが64％となっています。これに対して日本は40％しかない、ということを強調したいわけですが、日本政府がWTO交渉で日本が拠出することを認められた農業補助金額のわずか2割弱しか実際には拠出していないことは、あまり大きく宣伝していません。

　他方で、米国とEUは、貿易交渉で農業分野が対象とされるようになったGATT（関税・貿易一般協定）ウルグアイラウンド交渉（1986〜1994年）以来、あの手この手を使って、農業補助金の温存を試みてきました。実際、ウルグアイラウンドでも、他国の食料生産基盤を壊してきた米国とEUの農業補助金は、他の国々と同様に削減の対象とされたのですが、削減の基準となる金額を操作することで削減を免れています。米国は基準となる年（削減が決まった年よりも後の年を基準年に定めた）に拠出する補助金額を大幅に増やして基準値を高くしたため、1995〜2000年の間に、米国の農業補助金は減らないどころか、実質的には増やし続けることが可能となりました。

　OECDの推計では、2008年の時点で、EUの農業予算と各国の農業補助金と合わせるとEU全体で農業に対して拠出されている補助金の総額（PSE）は1,504億ドル（約13.5兆円）になります。米国は2007年に約340億ドル（約3兆円）、2008年に約233億ドル（同2.1兆円）を農業補助金（PSE）として拠出しています。これらは生産者に直接支払われた補助金の総額ですが、米国では消費者などを通じて間接的に支出される補助金（CSE）が他に約280億ドル（約2.5兆円）もあります[註29]。

　EUでも米国でも、補助金の大部分は大規模農家に支払われています。BBCは2007年、農園主としてエリザベス英女王が46万5,000ポンド（約

6,500万円)、チャールズ皇太子が10万ポンド(1,400万円)を受給していた他、大手精糖会社であるテート・アンド・ライル社が1社で1億2,700万ポンド(約180億円)も受給していたことを明らかにしました[註30]。米国では、オバマ大統領が2009年3月、農家の補助金受給額の上限を50万ドルに設定すると宣言しましたが、このことは、これまで年間50万ドル(約4,500万円)以上も支給されていた農家や農関連企業があったということでもあるのです。米国でも農場を持つ議会議員や富豪が補助金を受け取っていたことも知られています。

　EUと米国はなぜ、巨額の補助金を農業に拠出し、その大半を大規模農家に支給しているのでしょうか？　ここでその理由のすべてを解説することはできませんが、巨額の補助金支出の理由としては、米国の歴代の農務長官や農務次官が議会などで国内向けに繰り返し主張している考え方があります。それは、「世界支配の近道は、世界の人々の胃袋を支配することである」という主張です。ブッシュ前大統領も在任中にこう述べています。「食料自給できない国を想像できるか？ それは国際的圧力と危険にさらされている国だ。」つまり、EUでも米国でも、自国の食料は自国で生産し続けることが最重要視されており、さらには、主要食糧を世界に供給する立場であることに戦略的な意義が見出されているということなのでしょう。

　しかし、補助金の大半が大規模農家に支出されている理由は、何なのでしょうか？　発端は、1972年に起きた「前回の」世界的な食料危機への対応として、米国でニューディール以来の農業調整政策(価格安定策)が放棄されたことにあります(米国で起きた食料価格の高騰は、旧ソ連に大量の穀物を輸出したために起きました)。

　それまでは、生産者は穀物の価格が安いときは生産物を市場に出さないよう奨励することで価格暴落を防ぐことが農政の主眼とされてい

ました。余剰農産物の一部は政府が買い上げ、備蓄に回したり、海外援助に回していました。この食糧援助を受けた国々で主食の生産基盤が破壊されてきたことは前述しました。

　しかし1973年の農業法では、穀物価格を下げることが主眼とされ、それ以降、同国ではより安い穀物がより大量に生産されるようになっていきました。補助金が所得保障型（直接支払い型）に変わったことにより、市場価格が下がっても農家は生産量を減らさなくなったのです。逆に、穀物価格が安くなるなか、生産量を拡大できる農家は、生産量を拡大することで所得（売上＋補助金）を確保しようとしたため、多くの生産者が離農せざるを得なくなるなか、一部の生産者は生産規模を拡大していきました。

　このような農政の転換の恩恵を受けたのは、大規模に農業を展開する企業的農家だけではありませんでした。安い穀物を海外に販売して利益を得られる穀物商社や、安い飼料や原料を歓迎する畜産・酪農産業および食品加工産業、あるいは種子や農薬・化学肥料を供給している農化学産業こそ、1973年以降の農業政策の真の受益者であったと言えます。結果として米国では、わずかの数の穀物商社やミート・パッカー（食肉加工会社）、農薬・種苗会社などが国内市場を寡占するようになっただけでなく、世界市場において圧倒的な支配力を持つようになりました。

4．日本の食糧事情と、その背景

最貧国から食糧を奪う日本

　日本国内では、日本の農業に補助金を出すことよりも、「日本の農産物市場を自由化し、貧しい国々からの農産物輸入を拡大するのが、先進国たる日本の国際貢献の一つの形であり、同時に、日本の農業の国際競争力を高める道でもある」というような論議がまことしやかに唱えられてきました。しかし実際には、日本の食料輸入に占める最貧国の割合は小さく、例えば2006年の日本の農産物輸入の3割が米国から、欧州連合（EU）と中国からがそれぞれ約13％ずつ、豪州からが10％近く、カナダからが6％強と、上位5ヵ国/地域からの輸入で7割以上が占められています。日本が農産物市場をさらに開放すれば、もっぱらこれら先進国および中国からの輸入が拡大することになるでしょう。

　特恵関税枠という後発途上国からの輸入品に対する先進国側のゼロ関税枠を活用した貿易がすでに存在する中、農産物全般の、ましてやコメや小麦、乳製品など、先進国や中所得国からの輸出が多い品目に対する関税の引き下げをもたらす可能性が高い現在の農産物の貿易自由化交渉は、最貧国の輸出を促進するものとは言えません。このような自由化は、すでに食料自給率が極めて低い日本の、国際市場への食料依存をさらに高めてしまうものでしかないのです。また、たとえ南の国々からの農産物輸入が増えたとしても、その恩恵のほとんどを流

通・加工部門のグローバル食品企業が独占している現実があります。

　他方で、よく考えなければならないのは、日本と世界の貧しい国々が、食料を奪い合う関係に陥りつつある現実でしょう。先進諸国の中では数少ない食料純輸入国である日本は、コメ以外の穀類や大豆、植物油、食肉、魚介など、主要食品のほとんどを輸入に依存しています。その大半は米国など先進国からの輸入です。日本は、食糧事情に関しては、最貧国と全く同じ立場にあるのです。唯一の違いは、日本が世界市場から食料を調達するための外貨をたくさん持っていることです。

　このことは、世界で食料が逼迫するようになれば、日本はその購買力によって、世界の最貧国から食料を奪う存在となることを意味します。前述したとおり、日本に比べるとわずかの外貨しか獲得できない貧困国は、国際市場から主要食料を必要なだけ輸入することがますます困難になっています。

　しかも、日本が貧困国の主食を奪ったのは今回が初めてではありません。同様のことは93年にも起きていました。冷夏によってコメ不足に陥った日本が、93〜94年にかけて国際市場からコメを買いあさった結果、それまで国際市場からコメを調達してきた貧しい国々がコメを買うことができなくなり、コメを2割しか自給できていないセネガルなどでは実際に飢餓が発生してしまっていたのです。

　当時、そうして買い集めた外米を「不味い」「カビが生えていた」といって無駄にした日本人の多くが、その裏で起きたアフリカの飢餓の事実を知りません。ましてや、日本が食料純輸入国に転落した歴史的経緯や、同じ事が、最貧国でも繰り返されてきた事実など知る由もないでしょう。

先進国が支配する食料貿易

　そもそも、「先進国は工業製品を輸出し、途上国は農産物を輸出している」というのは幻想に過ぎません。実際には、世界の食料輸出における上位10ヵ国のうちの8ヵ国が先進国です。穀物に関しては、輸出量全体の7割以上を先進国が占めている一方で、国際貿易される穀物の8割は途上国によって輸入されています。また、食料純輸入国である先進国は、日本、韓国、台湾、イスラエル、スイス、ノルウェーなど数ヵ国に過ぎず、先進国の中では少数派です。途上国と言われる地域でも、ブラジルやアルゼンチン、メキシコ、チリなどや、タイやベトナムのように、中所得国とされる国々のなかに食料輸出大国が存在する一方で、前述したように、最貧国のほぼすべてが食料純輸入国です。

　つまり、産業高度化が進んだ先進国は、日本のように概して食料輸入国であり、そうでない途上国は食料輸出国であるという認識や、自国で食料を生産していなくても、世界中から調達すれば何とかなるという感覚を持っている人がいるとすれば、それは明らかに間違っているのです。

　また、前述したように、インドと中国は、2国だけで世界人口の4割近くを抱え、国内の食料生産が余剰を生み出した際には数百万トンという膨大な量のコメや小麦を輸出する食料輸出大国になりますが、国内需給が逼迫

表1　世界の農産物輸出上位20ヵ国（2006年）
（単位：億ドル）

1	**米国**	713.8	11	**オーストラリア**	215.3
2	**オランダ**	549.4	12	アルゼンチン	196.4
3	**フランス**	503.8	13	**イギリス**	195.8
4	**ドイツ**	473.7	14	タイ	150.7
5	ブラジル	346.8	15	**デンマーク**	150.6
6	**ベルギー**	293.7	16	メキシコ	143.3
7	**イタリア**	278.3	17	_インドネシア_	142.7
8	**スペイン**	267.4	18	マレーシア	128.7
9	**カナダ**	247.4	19	**アイルランド**	114.2
10	中国	224.4	20	_インド_	112.7

＊太字は先進国
＊斜体は一人あたりのGDPが6,000～9,000ドルの国（中所得国）
＊下線は同1,000～3,000ドル程度以下の国々
出典：FAOSTAT

図18 世界のトウモロコシ輸入 (2008/09)

その他 21%
日本 20%
ペルー 2%
モロッコ 2%
チリ 2%
アルジェリア 2%
カナダ 3%
マレーシア 3%
コロンビア 3%
イラン 4%
EU 4%
エジプト 5%
台湾 5%
中国 5%
韓国 8%
メキシコ 11%

出典：FAO Food Outlook

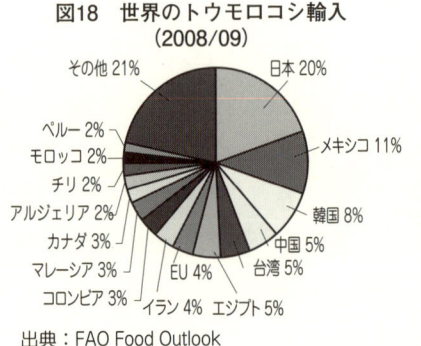

すると一転して食料輸入大国に転じるという、国際食糧需給における大きな不安定要因となっています。実際、インドは、世界第2位の小麦生産国であるにもかかわらず、2006年に550万トン、2007年は180万トンの小麦を輸入し、国際価格を高騰させた一つの要因となっています。

中国は、世界で生産されている豚肉の56.2％を消費しており、その割合は牛肉で17.3％、魚介では33％です（2005年）。中国では、この割合は1980年には豚肉で10％程度、牛肉は1～2％程度、魚介消費では1978年まで10％台に過ぎなかったことを考えると、中国の食生活の変化は戦後日本のほぼ倍のペースで進んでいることになります。しかも、日本の10倍以上の人口を抱える中国において今後も1桁後半の成長が続くことが予想されていることを考えると、この割合はまだまだ大きくなる可能性が高いのです。

少なくとも、中国は食料の輸出国ではなく、輸入国になりつつあります。実際、中国から輸出されるトウモロコシの量は、ここ5年間で30分の1にまで縮小し、今や世界第4位のトウモロコシ輸入国になっています。中国は以前から大豆の世界最大の輸入国でもあり、国際貿易された大豆の4割が中国に渡っています。同国は現在、国内需要をまかなうために、海外で広大な農地を確保するまでになっているのです。

また、穀物は自国内で生産することが世界の常識です。世界で生産される穀物総量のうち、貿易に回されるのは1割程度に過ぎず、コメ

の場合、その割合はわずか7％に過ぎません。国際市場の規模が小さいため、わずかの需給の変化でも国際価格は大きく変動してしまうのです。しかし、穀物自給率が28％に過ぎない日本は、世界人口の2％に満たない人口で、世界で貿易される穀物の10％近くを輸

表2　主要食料の貿易率（2008）

穀物	11.6%
小麦	18.1%
米	6.7%
牛肉	10.4%
鶏肉	11.2%
豚肉	5.9%
トウモロコシ	13.6%
砂糖	28.2%

出典：FAOSTAT

入しています。トウモロコシに限れば、国際貿易される量の2割を日本1国で輸入しています。

　天候不順などで不作になれば、穀物の生産国は自国内での消費を優先して輸出を減らします。ですから、貿易に回る穀物の量は、生産量と比べても、より変動の幅が大きいため、穀物を輸入に依存すること自体が、非常に危険であると言えます。

米国の対日食料戦略[註31]

　実は、食料自給率という面だけで見れば最貧国とうり2つの状況に置かれている日本は、最貧国がたどった食料自給体制崩壊の道を、一足早く経験しています。日本政府は、第二次世界大戦後の食糧難を乗り越えるために、米政府による食料援助を受け入れ、1947年に開始された学校給食に、援助されたパンと脱脂粉乳を供給しました。当初は救済が主眼であった食料援助ですが、1950年代に入ると、アメリカの余剰小麦の海外市場を切り開くための手段とされるようになりました。世界大戦で戦火を受けなかったアメリカ本土では、一足先に始まった農業の近代化により、1952/53年期に2,000万トンの余剰小麦を抱え込むまでに生産が拡大していたのです。2,000万トンと言えば、現在の日本の年間コメ消費量の2.5倍近い量です。

この頃世界は、1949年の中華人民共和国の誕生と、1950〜52年の朝鮮戦争を経て冷戦期に突入しつつありました。そうした地政学的な状況のなか、日米間で相互安全保障条約（MSA）の一環として結ばれた「余剰農産物購入協定」は、米国が日本に小麦食を売り込むと同時に、反共産主義の砦として日本に再軍備させるための資金の一部を小麦の日本国内での売却益で賄おうという米国の思惑を反映したものでした。

　米国は、援助した小麦を日本国内で販売し、その売上の一部で米国から武器を購入すること、および日本でパン製造を拡大し、パンに合う洋食文化を根付かせるため施策を実施することを求めました。これは、飼料穀物を多用する食肉消費を増やすものでもあったわけです。その結果、公費でパン職人が養成され、街角で洋食レシピを広めるキッチンカーが全国を走り回ることになりました。給食の主食はパンとすることが政策となり、これは実質的に1997年まで撤回されませんでした（現場の一部では1970年代半ばより、週何度かは米飯を出すなどの動きは始まっていましたが）。

　ご飯では身体が育たない、頭が悪くなる、といったプロパガンダも広められました。戦中に小麦食を採り入れた海軍では脚気が減り、採り入れなかった陸軍が白米食のせいで多くの兵士を脚気で失ったとされたことも、こうした動きを後押ししたと言われます（しかし、ビタミンB1などのミネラルが豊富な玄米や胚芽米が供給されていれば、そのようなことにはならなかったと考えられます。小麦食であっても精白小麦を使用すれば脚気予防効果は同様に低いのです）。

　パン食の普及は、パンの製造に向く輸入小麦への完全なる依存の上に成り立つものでした。日本では、強力粉は岩手以北でしか栽培できない上に、グルテン（小麦たんぱく質）の少ない国産強力粉では米国

風のふっくらしたパンは焼けないからです。そして今や、うどんや素麺の原料さえ輸入小麦に代替されるようになりました。しかし、このような輸入小麦は、太平洋を横断する長い船旅の間に虫などが発生することを防ぐために国産小麦には使用されていないポストハーベスト（収穫後散布）農薬が使われているのです。

農業基本法と農産物貿易自由化

1960年代にはいると、農業基本法と貿易自由化政策の二本立てにより、日本の農業と食生活が、米国産農作物をよりたくさん消費する構造に抜本的に改革されました。つまり、日本の農家はそれまで広く行われていた有畜複合農業を捨て、「米麦二毛作」や田んぼの畦に大豆を植えることなどを止めて、「選択的拡大」として、コメ専業、野菜や果物の専業、あるいは酪農家、畜産家という形で単一の農業生産に特化し、大規模化するよう求められたのです。当然ながら、畜産業と酪農業の振興は、トウモロコシや大麦など飼料穀物の輸出も拡大したい米国の思惑と一致するものでした。また、それまで国内自給が基本であった大豆を米国からの輸入で代替するようになったことは、豆腐や味噌、醤油などの基礎的な食品の原材料のほとんどを輸入でまかなうようになる結果をもたらしました。

しかし農家は、この選択的拡大の政策が実施された直後より、農産物貿易の自由化と、消費者の嗜好の洋食化によって、早々に裏切られることになります。1962年の鶏肉自由化を皮切りに、71年には豚肉、90年には果汁、91年に

図19　コメ作付面積と減反面積の推移

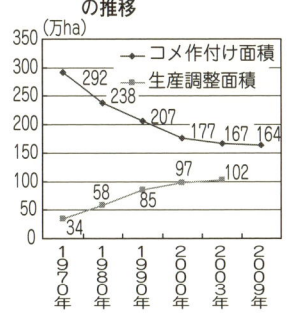

出典：農水省

表3　日本の品目別自給率の推移

	1960年	1970年	1980年	1990年	2000年	2008年
コメ	102	106	100	100	95	95
小麦	39	9	10	15	11	14
いも類	100	100	96	93	83	81
豆類	44	13	7	8	7	9
野菜	100	99	97	91	82	82
果実	100	84	81	63	44	41
肉類	93	89	80	70	52	56
牛乳・乳製品	89	89	82	78	68	70
魚介類	108	102	97	79	53	53
油脂類	42	22	29	28	14	13

出典：農水省

は牛肉とオレンジの輸入が自由化され、これら輸入品と競合する農作物に特化し大規模化した農家は、海外からの安価な輸入品と対抗できず、廃業を余儀なくされたり、借金を膨らませたりすることになりました。また、選択的拡大が開始されてわずか10年後の1970年には、大規模化によるコメの生産増と食生活の変化によるコメ消費の減少を受けて、生産調整（減反）政策が開始されています。

1990年代に入ると、果実や野菜の輸入が増え、牛肉・酪農製品が輸入自由化され、コメ価格の自由化によって卸値が半減し、日本の農村は「解体」の道をたどることになります。他方で、米国や欧州各国は、食料援助や農産物輸出に対する巨額の補助金によって、生産コスト以下で海外に主要食料を供給し、各国の食料自給体制を破壊し続けてきました。結果として、これらの国々では、大量の人口が衰退した農村から都市に移動しました。

日本では他の産業が発展し、農村からの移動人口を吸収していきましたが、最貧国ではそうはいかず、都市スラムが拡大することになりました。このように他国の農業を犠牲にして成り立ってきた欧米の農業が、今度は日本や最貧国のニーズに背を向け、食料を自国・地域内で消費する自動車燃料に振り向けるようになったことは、近代の食料

貿易史における大転換であり、大きな混乱と悲劇を巻き起こすのは必然だったと言えます。

私たちの食生活に見る対米依存

　私たちの食生活は、アメリカの小麦戦略のせいだけでなく、高度成長期を経たことによっても、大きく変化しました。日本では、1960年当時と現在の１人あたりの消費量を比べると、コメや味噌・醤油は半減している一方で、小麦は1.25倍、畜肉は5.4倍、乳製品は4.2倍、油脂は3.3倍にまで拡大しています。日本では、飼料穀物の自給率が25％と低いため、畜肉のカロリーベースの自給率は５～10％に過ぎず、植物性油脂の自給率はわずか２％に過ぎません。つまり、現在の私たちの食生活のあり方は、自給できない品目に非常に偏っているのです。

　しかも、日本が大量に輸入している穀物や油糧種子、食肉などは、非常に限られた特定の国々から輸入しています。たとえば、日本では、飼料やコーンスターチなどの加工食品の原料となるトウモロコシは、ほぼ全量を輸入に依存しており、その99％は米国からの輸入です。飼料原料として２番目に割合の大きいのは大豆ミールですが、その大豆も自給率は６％に過ぎず、残りをすべて輸入しており、その72％は米国からの輸入です。パンやめん類の原料となっている小麦の場合も、自給率は14％で、残りは輸入、その61％が米国からの輸入です（すべ

表４　畜産物のカロリーベース自給率
（2007年度）　　　　　　　（単位：％）

	品目別自給率（a）	飼料自給率（b）	カロリー自給率（a×b）
牛肉	43	26.2	11
豚肉	52	9.7	5
鶏肉	69	9.7	7
鶏卵	96	9.7	9
牛乳・乳製品	66	42.3	28

出典：農水省

図20 世界の大豆輸出（2006/07）

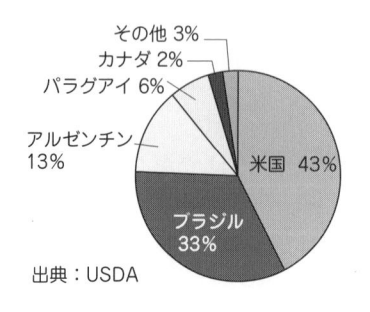

その他 3%
カナダ 2%
パラグアイ 6%
アルゼンチン 13%
ブラジル 33%
米国 43%

出典：USDA

て2008年）。

　トウモロコシでも大豆でも小麦でも、そもそもこれら品目を輸出している国が限られています。トウモロコシであれば、世界貿易の8割を米国、ブラジル、アルゼンチンの3ヵ国が占めていますし、大豆の場合にも同じ3ヵ国で世界貿易の9割を占めています。米国のトウモロコシの8割以上、大豆の9割以上が遺伝子組み換え（GM）であり、その割合はアルゼンチンの大豆でも99％に上るとされます。ブラジルでも遺伝子組み換え品種の作付けが増えています。他方で米国では、遺伝子組み換えトウモロコシの導入によって、農薬の使用が導入直後の3年間（96-98年）にはそれぞれ1.2％、2.3％、2.3％と減少したものの2007年には一気に20％そして2008年には27％も増加したという報告も存在します[註32]（日本でもっとも消費されているナタネ油の原料も、ほぼ100％がカナダとオーストラリアからの輸入ですが、カナダの菜種はほぼ100％が遺伝子組み換えであり、オーストラリアでもGM菜種の栽培が解禁されました）。

　小麦の場合には、米国、EU、ロシア、カナダ、豪州、ウクライナの6ヵ国・地域で8割以上を占めています。これだけ輸出国が限られているとなると、これら品目の国際貿易は、天候不順や輸出国の国内需要の変化などの影響をもろに受けることになります。しかし、それが分かっていたとしても、日本政府が主張しているような「輸入先の多様化」による安定供給を実現することは、それ以上に困難であるというのが現実です。また、遺伝子組み換えでないトウモロコシや大豆、菜種を輸入し続けることも、かなり現実的ではなくなってきているの

です。

　実際的な問題としては、2006年以降に飼料価格が1.5倍まで高騰したことで、国内の畜産・酪農・養鶏業は窮地に立たされました。鶏卵・鶏肉および豚肉の生産コストの6割以上、牛乳・牛肉の場合は4割以上が飼料費で占められており、経営努力では飼料費の高騰分をすべて吸収することは不可能です。にもかかわらず、牛乳や乳製品についても、卵や食肉についても、消費者価格と卸価格の上昇幅は、高騰した飼料費をまかなうには不十分でした。当時、不足が目立ったバター向けの生乳の価格は、牛乳の5分の2にしかならないため、現状では需要があっても供給を増やすのは不可能だと言われています[註33]。多くの酪農家や採卵農家が廃業を迫られました。現在でも、今市場に出荷されている牛肉は、飼料価格が高騰していた時期に育てられていた牛の肉であるため、実際には非常に高いコストで作られた肉なのです。

日本の食肉・油脂消費のフットプリント

　日本が大量の飼料や油脂を海外に依存しているということは、日本の需要を支えるために、広大な農地と農業用水が外国で使用されていることでもあります。たとえば、農水省の試算では、日本向けの農産物を生産するために、日本国内の農地総面積の2.5倍に相当する1,200万haもの海外の農地が使われていることになります。その内訳を見ると、ほぼすべてが穀物と油糧種子、および輸入された畜産物の飼料を生産した農地で占められています。

　また、東京大学生産技術研究所の沖大幹助教授等のグループが試算した結果によると、日本でトウモロコシを1kg生産するのに約1,900ℓ、大豆を1kg生産するのに約2,500ℓ、小麦粉を1kg生産するのに約3,000ℓ、精米1kg生産するのに3,600ℓもの水が必要です。また、た

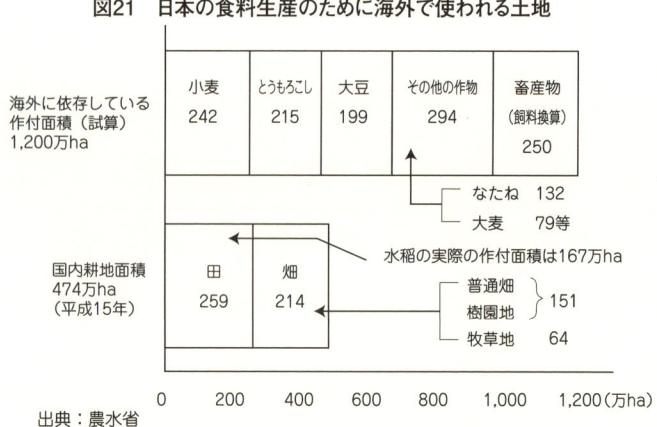

図21　日本の食料生産のために海外で使われる土地

海外に依存している作付面積（試算）1,200万ha
- 小麦 242
- とうもろこし 215
- 大豆 199
- その他の作物 294
- 畜産物（飼料換算）250
  - なたね 132
  - 大麦 79等

水稲の実際の作付面積は167万ha

国内耕地面積 474万ha（平成15年）
- 田 259
- 畑 214
  - 普通畑・樹園地 }151
  - 牧草地 64

0　200　400　600　800　1,000　1,200（万ha)

出典：農水省

　とえば牛肉1kgを生産するのに約11kgの穀物、豚肉1kgでは7kg、鶏肉1kgでは4kg、卵1kgでは3kgの穀物が消費されたと仮定して、その穀物の生産で使用された水（仮想水）を食肉1kgあたりで計算すると、牛肉1kgで水20,700㎥（トン）、豚肉1kgで5,900㎥、鶏肉1kgで4,500㎥にもなるとされます。

　このグループは、こうした数値を基準に、現在日本が輸入している食料や工業製品を、すべて日本で生産したとすれば、どれだけ水を消費したことになるかを計算しています。この「仮想水（バーチャルウォーター）」または「間接水」は、海外の生産地で実際に使用された水の量ではないものの、日本の食料消費のために海外で相当の量の水が使われていることを示唆する値です。沖氏等の試算では、2000年度の日本の仮想水は640億トンであり、その98％は日本が輸入した食料の仮想水です。日本が輸入する食料を生産する海外の現場では、日本の水消費総量（生活用水・工業用水・農業用水などすべてを含む）の3分の2を上回る量の水が使われているのかもしれません。その大半も、穀物、油糧種子、畜産物の飼料、および畜産物・酪農製品など

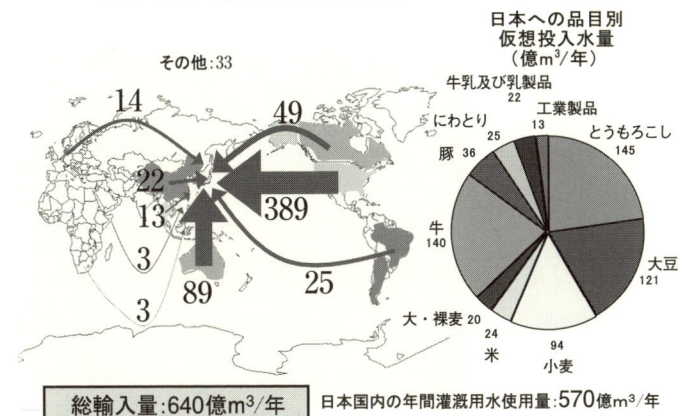

図22 日本の仮想投入水総輸入量

日本への品目別仮想投入水量（億m³/年）
牛乳及び乳製品 22
工業製品 13
とうもろこし 145
にわとり 25
豚 36
牛 140
大豆 121
大・裸麦 20
米 24
小麦 94

その他:33
14
49
22
13
389
3
89
3
25

総輸入量：640億m³/年　日本国内の年間灌漑用水使用量：570億m³/年

(日本の単位収量、2000年度に対する食糧需給表の統計値より)

出典：文部科学省大学共同利用機関、総合地球環境科学研究所の沖助教授が東京大学生産技術研究所のグループと試算した結果による。参考文献：「世界の水危機、日本の水問題」総合地球環境学研究所／東京大学生産技術研究所沖大幹教授

の輸入によるものだと考えられます。

　さらに、私たちの食料消費の裏で、その輸送にどれだけの化石燃料が消費され、温室効果ガスが排出されているかを知る手がかりとして、フードマイレージという概念があります。フードマイレージとは、食べ物の重量に輸送距離を掛けた数値のことであり、トンキロメートルという単位で表します。このフードマイレージの内訳を見ても、日本が食料、なかでも穀物や油糧種子を海外に依存していることが、日本を世界一フードマイレージの長い国にしている主因であることが分かります。

　農水省の中田哲也氏が計算した2001年の日本全体のフードマイレージは9,000億トンキロメートルで、韓国とアメリカの3倍、ドイツとイギリスの5倍、フランスの9倍です。日本のフードマイレージは、1人あたりでも7,000トンキロメートルになります[註34]。その内訳は、

アメリカからの輸入だけで日本全体のフードマイレージの6割、これにカナダ、オーストラリアを加えた上位3ヵ国からの輸入で76%を占めています。これら3ヵ国から輸入している主な食料は、これまでも見てきたとおり、トウモロコシや小麦、大豆など、日本でほとんど自給できていない家畜のエサや植物油の原料などです。

食肉や卵、あるいは乳製品の消費は、地元の牧草や穀類をエサにしていない限り、国産であっても、アメリカやカナダ、あるいはブラジルなどから長距離輸送されてきたエサを間接的に食べていることになり、多量のCO_2排出に貢献してしまいます。また、日本国内で飼料として消費されている牧草も、4分の1は輸入されているのです。

ただし、実際のCO_2排出量を計算する際には、輸送手段の違いを考慮する必要があります。食べ物1トン当たり1kmの移動で排出されるCO_2の重量は、鉄道で25g、船で51g、トラックで210gと、かなり違っているからです。国産でも、遠い地方から輸送されてきた食べ物は地元でつくられた食べ物よりもCO_2排出が多いことになります。

国内でフードマイレージという言葉で紹介された概念は、もともとは1994年に英国のティム・ラング氏によってフードマイルとして紹介された概念です。ラング氏の近著には、遠い海外で生産された有機農産物よりも、地元で農薬や化学肥料を使用して生産された農産物のほうが、差し引きすると環境に与える影響が若干少ない、というイギリスの調査結果が掲載されています[註35]。日本では、有機JASの認証を受けて国内で販売されている食品の9割以上が輸入品であることを考え合わせれば、日本においても原産地を意識せずに有機食品を食べるよりも、若干は農薬を使っていても地元で旬に生産された食べ物を食べたほうが環境には良い場合も多いのかもしれません。

5．私たちの食生活を見直す

近代農業のグローバル化

　私たちは過去半世紀の間に、食肉、乳製品、食用油の消費量を大幅に増加させてきました。その一因には、これらの価格が長らく低く抑えられてきたことがあります。

　低価格が実現してきた理由として、農業の大規模・集中化がもっとも進んだ地域から、これらの品目が輸入されるようになったことが挙げられます。世界では、貿易や投資の自由化を通じて「農業の国際分業」が進められており、特定の国や地域が特定の農産物の生産に特化し、それらの作物を単一で大規模に生産することが促進されてきました（他方で、穀物や油糧種子を大量生産しているEUと米国では巨額の政府による農業補助金が温存されてきました）。このような大規模な単一作物栽培は、除草剤や殺虫剤、化学肥料の使用量を増やし、農機械の使用や、消費地への輸送距離を拡大させてきました。

　米国の大規模畜産経営（CAFO）に代表される、成長ホルモンや抗生物質に依存した過密飼いと育成期間短縮という「効率優先」の近代的な畜産・酪農・養鶏のあり方もまた、貿易と投資の自由化によって世界各地に広まっていきました。日本の畜産・酪農・養鶏の現場もまた、こうした「グローバルスタンダード」と競争するために大規模化し、過密化しました。こうした近代的な肥育方法は、環境に大きなダ

メージを与えているだけでなく、不健康な動物から生産された食肉や乳製品を大量に摂取することを通じて、私たちの健康にも悪影響を与えている可能性があることは前述したとおりです。

本書では、そうした食品に過度に依存した私たちの食生活が、国内の農業を衰退させ、海外の貧しい人々から食料を奪い、世界各地の食料生産現場の環境を犠牲にしている現実について俯瞰してきました。また、主要な食糧の大半を輸入に依存する国々（最貧国と日本の両方）では、食料を安定的に得ることが困難な課題になりつつあるという世界の現実について解説を試みてきました。

他方で、食べ物は工業製品とはあらゆる面で異なっています。食べ物は私たち自身の１つ１つの細胞となる原材料です。食べ物の「量」と「質」の両方が私たちの健康を左右する最大の要因であることは今さら述べるまでもないでしょう。食べ物が、普段はあまり意識されない私たちの食習慣の根底にある、それぞれの地域の歴史と文化において中心的な役割を果たしてきたのも、それゆえのことです。

でも、私たちが食べ物を選択するとき、食品企業が食べ物を製造するとき、あるいは政府が食料政策を決定するとき、そうした事実を最大限考慮しているかと言えば、非常に心もとないのが現実です。個人のレベルでも、産業や政府のレベルでも、あるいは各国の政策に多大な影響を与えている世界貿易機関（WTO）などの国際機関においても、食べ物を測るモノサシは「価格」です。一部の援助機関を除けば、「量」についての議論では購買力を持たない貧しい人々への供給という課題はなおざりにされています。

そして、供給される食料の「質」的な側面については、大量生産・大量消費と大量の食料貿易を続けるために都合の良い基準が作られてきたに過ぎません。その結果、私たちの身体を育み、支えるための食

べ物が、身体を害する食品に取って代わられ、何世紀もの間、自然環境とうまく折り合いを付けてきた食料生産のあり方が、地域と地球の環境に多大な影響を与えるものに変わり果ててしまっていました。

中食・外食および加工食品の問題

　他方で今の私たちの食生活は、安価で便利な加工食品や、安い食品を一度に購入できるスーパーマーケット、あるいは家で食事を作るよりも安く済ませることさえ可能なお弁当や出来合のお総菜、または外食という「多様」で「豊か」な選択肢に取り囲まれています。日本では、働いている人の8割以上が勤め人であり（自宅から離れたところで就労している）、労働年齢にある女性の半分が働いていることを考えれば、食材を一から吟味して家庭で調理することを前提としたフードシステムではなく、レディメードの食品市場が隆盛するのは当然のことかも知れません。

　しかし、こうした加工食品や中食、外食では、輸入食材が多用されています。少なくとも、私たちがスーパーで見かける野菜・果物や食肉などの国産と輸入の割合に比べると、はるかに多くの割合で輸入食材が使用されています。消費者の国産嗜好は、こうした原産地表示が義務付けられている小売店の未加工の食材の場合には、国産の選択肢が多くなる、という形で反映されていますが、原産地表示が不十分な加工食品や、表示義務のない中食や外食については、それが当てはまらないのです。結果として、加工品や中食・外食の利用が多くなればなるほど、知らず知らずに輸入した食品を多く食べてしまうことになります。

　そうした加工品の原材料には、加工でんぷん、甘味料、乳化剤などさまざまな形でトウモロコシや大豆が使われています。そのほとんど

が輸入ですが遺伝子組み換えでないトウモロコシや大豆を輸入することは困難になってきており、将来的にはほぼ不可能となるでしょう。私たちは、加工食品を口にする度に、否応なく遺伝子組み換え食品を摂取しているのです。

　また、加工食品や出来合の総菜を食べることは、家では決して使用することのない、さまざまな食品添加物を食べることでもあります。国内では300種以上の食品添加物の使用が認められていますが、保存料や防かび剤、殺菌剤、漂白剤、発色剤、合成着色料などのほとんどは、毒性や発ガン性があることが分かっています。食品添加物をすべて恐れる必要はないとしても、できるだけ摂取しない方が良いからこそ、厚生労働省が１日摂取量の上限を定めているのではないでしょうか。しかも、複数の添加物を同時あるいは短時間のうちに摂取した場合の影響については、ほとんど研究されていないのが現実です。そうしたなか、私たちは、食品添加物だけで１人で年間１〜５kgも摂取していると推定されており、大人よりも影響を受けやすい子どもの場合、多動性障害やアレルギーの原因となっている場合もあるという専門家の報告もあります。

　特に毒性のある食品添加物の使用が多いのは、腐りやすい食肉や魚介を使用した加工品や、出来合の総菜や弁当類などです。たとえば摂りすぎるとカルシウムの吸収を阻害することが明らかなリン酸塩は、ハムやソーセージのほとんどに使用されています。また、欧米では最近、常温では液体であるはずの植物性油脂を固体の状態にするための加工プロセスで、トランス脂肪酸がつくり出されてしまうことが問題視されています。トランス脂肪酸は、パンや焼き菓子のほとんどに使用されているマーガリンやショートニングに含まれています。摂取することでLDL（悪玉コレステロール）が増加し、HDL（善玉コレス

テロール）が減少することが分かっているため、すでに欧米では規制や表示義務の対象とされていますが、日本では表示義務さえありません。

例を挙げればきりがないほど、半調理品などの加工食品や中食・外食の大部分が輸入依存と食品添加物の問題を抱えているわけですが、なかでも問題が大きいのは、またしても食肉や油脂です。

現代のフードシステムの裏側で

本当に健康で環境にも良い食べ方が私たちから遠ざけられている一因は、現代の私たちの食の選択肢や、食に対する嗜好が、宣伝や広告でおなじみの大手食品会社や、スーパーなどの大手流通産業によって形作られていることにあります。食品の加工・流通システムが大規模化し、複雑化するなかで、消費者には自分たちが何を買わされ、何を食べさせられているのか、あるいは、いくら出せば「まとも」な食品が買えるのか、あるいはどんな食品が「まとも」なのかさえ、さっぱり分からなくなってしまいました。消費者の意向が消費行動に結びつかなくなっているのです。

大手食品流通業の売りは、「割安感」、豊富な「品揃え」、「季節の先取り」、加工食品や総菜などを通じた「便利な食べ方」などです。割安感と豊富な品揃えのためには、消費者が許容できる範囲で安価な輸入品を取り入れ、日本では手に入らない非伝統的な食品や、南半球など季節が違う国々から季節はずれの食材を輸入することが奨励されることになります。また、季節を先取りするためには、国内ではハウスでの加温栽培が必然とされます。こうして、長距離輸送やエネルギー多消費型の農業が前提とされる食品流通システムがつくられてきました。

安い輸入品との競合に苦しむ国内の生産者もまた、付加価値の高い季節はずれの食材づくりに生き残りをかけるしかなくなっています。旬の食材をつくっても手取りが少なすぎて生活ができず、苦労して有機農業を手がけても、有機食品市場の９割を占める安価な輸入有機食品に押されてしまうからです。結果として、消費者からは「旬」という感覚が失われました。

　食品加工・流通産業によって消費者の好みや食への感覚が変えられてきてしまったことは、その他にも新たな問題を生み出しています。たとえば、食品産業が消費者に虫のついた野菜や果物を絶対に届けないことを優先させた結果、生産現場では農薬の使用が増えてしまいました。そうして、虫の付いた野菜など触りたくないという消費者が実際に生み出されてきました。また、食品の加工・流通の距離と時間が長くなるなか、食品の腐敗を確実に避けるために、保存料や殺菌剤の使用が必然になりました。そうしたなか、製造年月日の表示がなくなり、消費期限や賞味期限の表示しかない食品を消費することが当たり前になったため、消費者からは、それぞれの食品がどのくらい日持ちするのかについての知識や感覚も失われています。それが、消費期限や賞味期限が過ぎた食品を、臭いをかいでみることもせずに廃棄する消費者を増やしています。大規模流通の規格に合わせるために、規格外となった作物が大量に捨てられている問題もありますが、そのことを気にかけている消費者はどれほどいるでしょうか。

　また、濃厚な味を好む現代の消費者に合わせて（そういう消費者を生み出してきたのは食品産業でもあります）、食肉や油脂を多用する食品群をより安く提供することが食品加工・流通産業の主要な課題となっています。そうしたニーズは、家畜産業のあり方をおおきく歪めてきただけでなく、より安価な食肉加工品を生産するために、大豆や

トウモロコシから作られる加工でんぷんや調味料によって食肉自体が代用される事態を招いています。今や、本当の畜肉の味よりも、そうした加工でんぷんに人工的な風味をつけた「偽物の味」を好む消費者も誕生しています。

他方で、生産者や卸売業者にとっては、大手流通業こそ、価格決定権を握っている存在であり、逆らえない相手です。その流通業者同士が低価格の実現にしのぎを削っている現実は、食品の生産者や加工業者を偽装に追い込んでいます。スーパーが望む価格では、そもそも要望された食材を生産することも、求められた質の原材料を使うことも無理である場合があるからです。しかし、「ノー」と言えば取引自体がなくなるため、一部の納入業者は、偽装という犯罪に手を染めることになります。生産者と消費者の距離が遠くなり、互いに相手の顔が見えない状態に置かれていることが、生産者からやりがいを奪っていると同時に、生産者や食品加工業者を、消費者の健康や自然環境への影響を第一に考えられない状況に追い込んでいるとも言えるでしょう。

私たちの分け前

では、私たちはこれから、どのような農業と食生活を構想し、実践していけば良いのでしょうか？　まず、量的な面から考えてみましょう。

世界には約14億haの耕作地があり、その約半分の約6.7億haで穀物が生産されています。つまり、世界人口で割ると、世界には1人あたり約2,000㎡（2 a＝2反）の耕作地があり、約1,000㎡（1 a＝1反）の穀物生産地があることになります。

1 aで生産できる穀物量は、日本国内でコメを生産した場合には500kg程度、小麦は430kg程度、トウモロコシを米国で生産した場合で

は900kg程度になります。しかし、この数値は、農薬や化学肥料を使用する農業が中心の地域における数値であり、また、潤沢に水を使用でき、土壌にも恵まれた米国や日本の農業地帯における数値です。

世界平均でみると、1aあたりの収量の平均値はトウモロコシで500kgであり、小麦で283kg、コメで423kgです。また、たとえばトウモロコシの場合、ジンバブエやモロッコでは1aあたり40〜70kg、ザンビアやナイジェリア、ケニアなどでも140〜170kg程度の収穫しかありませんし、カリブ諸国でもその量は220〜240kg程度に留まります。これらの国々では、農薬も化学肥料も先進国の企業から輸入しなければならない場合がほとんどですから、価格が高く、使用することが困難です。また、化学肥料や農薬の投入によって、土壌の劣化がさらに進んでしまうだろうと思われる土地も少なくありません。

そうした現実をにらみながら、私たち1人1人が、それぞれ1a（20×50m）の農地で収穫された穀物で1年間を過ごさねばならないと考えれば、今の私たちの穀物消費のあり方がどれほど持続可能でないか、ということが分かるのではないでしょうか？

たとえば日本では、1人あたり年間に供給されている量で見ると、コメは59kg、小麦は31kg、でんぷんは17kgなど、穀類とでんぷんの合計は108.4kgになります。この量は、牛肉で5.7kg、豚肉で11.7kg、鶏肉で10.8kgです。それぞれの肉の生産に必要とされる穀物の量をかけると、牛肉で約63kg、豚肉で約82kg、鶏肉で約43kgとなり、鶏卵16.8kgの生産に必要とされる穀物量は約51kgです。私たちは、食肉や鶏卵を通じて239kg程度の穀物を消費しており、コメ・小麦・でんぷんの1人あたりの供給量と合わせると、私たちは1人あたり年間で347kgの穀物を消費していることになります。ここまでの計算で、すでに年間に生産される穀物の世界人口1人あたりの分け前である340kgを上

回ってしまいました。

　さらに、年間で1人あたり86kgも消費している乳製品がつくられるために必要な穀物も考慮に入れるとすれば、私たちはすでに1人1人の分け前を消化している上に、他の人の分まで消費してしまっていることになります。とてもじゃないですが、60ℓで120kg以上のトウモロコシを消費してしまうバイオエタノールなど、消費する余地はないはずです。

　穀物以外を生産している耕作地については、たとえば大豆の1aあたりの収量が日本でも150kg程度しかないなど、油糧種子の単位面積あたりの収量が低いことを考えれば、同様の結論が導き出される可能性は高いと言えます。つまり、私たちは、これ以上食肉と油脂の消費を増やすべきではないし、できれば、より良い生産方法でつくられた食肉や鶏卵や乳製品を、今よりも少量消費するようにすることが望ましいということになります。

完全自給食メニューから分かること

　他方で、日本国内の耕作地面積は470万ha弱です。休耕地を加えても500万ha程度だとすれば、日本には1人あたり約390㎡（約0.4a）しか農地がありません。

　農水省は、日本国内の農地だけで日本人口の必要とする食物カロリーをすべて供給することは可能であるとして、その場合の食事メニューを例示しています。それによると、毎日ご飯2杯とサツマイモ3本、ジャガイモ3個、焼き魚1切れ、ぬか漬け、林檎（4分の1個）が必ず食卓に上ることになる一方で、みそ汁やうどんは2日に1度、納豆は3日に2パック、牛乳は6日に1杯、卵は7日に1個、食肉は9日に1度だけ100g食べることができるのだそうです。油脂は1日

に小さじ0.6杯分しか使えません。

　これが今の国内農地の実力であり、私たちの今の食生活がその実態といかにかけ離れているかが分かります。一方、この食事メニューからは別の真実を見つけることもできます。それは、畜産物や酪農製品をほとんど食べられなくなり、油脂を使用できなくなったとしても、毎日魚が食べられ、カロリーだけでなく食物繊維やビタミンCも豊富なイモ類もふんだんに食べられ、少ないとは言え毎日果物さえ食べることができるということです。

　畜産物や酪農製品、油脂の消費が多くなるなか、魚や果物を毎日食べていない人も多くなっていることを考えると、これは実に皮肉な結果と言えるのではないでしょうか？　農水省の「完全自給食メニュー」は、少なくとも、現在の私たちの多くの日常の食生活よりも、健康的でさえあるのかもしれないのです。

　また、農水省の試算では、コメは精白米を食べることが前提とされているようです。しかし、前述したとおり、コメを玄米あるいは少しだけ精米した分づき米や胚芽米などに変更すれば、ビタミンB1やE、カルシウム、鉄、マグネシウム、ナイアシン、脂質、食物繊維などを何倍も摂取することができます。したがって、畜産物や酪農製品の摂取量が減っても、その分のミネラルを補うことが可能で、逆に畜産物や酪農製品に含まれる飽和脂肪酸や悪玉コレステロールはほとんど摂取しないで済むことになるのですから、一石二鳥ではないでしょうか。

　食料を100％自給しなければならないかどうかは別としても、世界一の食糧輸入国である日本が、食料をほとんど輸入しないで環境にも健康にも良い食生活を実現することはまったく不可能ではないのです。しかし、世界中から多種多様な食品が輸入され、季節に関係なくさまざまな野菜や果物が手に入る時代に、そうした食生活が受け入れられ

るようになるためには、私たちの「豊かさ」のモノサシが大きく変わる必要があるでしょう。

真に豊かで健康な食生活とは

　「豊かさ」のモノサシを変えるということは、健康にも環境にも良い食品を選び、その食品の生産コストに見合う対価を支払うことの価値に気付くということでないかと思います。たとえば、地域で旬に採れた食材は、自らの身体と同じ気候・季節の下で育ち、その特定の気候・季節に適応するのに必要な微量栄養素を含有していると言われています。同じ野菜でも、旬に地元で採れたものを食すのと、季節はずれに温室または地球の反対側でつくられたものを食すのでは、身体への影響がまったく違う可能性が高いのです。実際、冬の野菜には身体を温めるナトリウムなどが多く含まれ、夏の野菜には身体を冷やすカリウムなどが多く含まれている場合が多いとされています。そうしたことは、東洋では遙か昔から知られていたことでもありました。

　米国のある研究では、玄米や全粒粉などの「ホール・フード（全体食）」には、未だに解明できない「フード・シナジー（食の相乗効果）」があり、ホール・フードに含まれていることが分かっている成分をすべて摂取したとしても、ホール・フードそのものを摂取した場合と同じ効果は得られないと結論づけています[註36]。また、最近国内では、サプリメント（栄養補助食品）や野菜ジュースを摂取しても、生野菜を摂取した場合にくらべて、栄養素が血中に留まる時間が短いという調査結果が報道されています。特定栄養素ばかりに注目したサプリメントや、たくさん食べても太らないなどと宣伝されている不自然な食品では、本当の意味では健康になれない可能性が高いということです。

　また、牧草だけ食べさせた牛の牛乳と、配合飼料も食べさせた牛の

牛乳の成分を比較した米国のレビュー論文は、牧草だけ食べさせた牛の牛乳には、身体に良いとされるオメガ3脂肪酸の1つ、アルファ・リノレン酸（ALA）や、オメガ6脂肪酸の共役リノール酸（CLA）が共に多く含まれ、身体に悪いとされる飽和脂肪酸の含有量は少ない傾向があると結論づけています。この研究では牛肉についても、牧草で育った牛の肉は、配合飼料で育った牛よりも脂肪総量が少なく、ALAが多く、オメガ6に対するオメガ3の割合が大きいとしています[註37]。

　つまり、本質的な意味で健康によい食生活は、環境にとってもベターな選択肢であることが多いのです。そして、農業の近代化とグローバル化がもたらしてきたさまざまな問題を解決するには、その歴史を遡り、それまで何世紀も続けられてきたやり方から学べば良いだけなのかも知れません。そうだとすれば、今よりも上手に自然と折り合いをつけ、地産地消や旬産旬消を当たり前に実践してきた過去から学び、同時に、ある程度の利便性を享受していくための、ある種のバランスについて1人1人が考えていくことが、これからの最大のテーマと言えそうです。

　一番いいのは、機械や化学肥料になるべく頼らず、露地で栽培された地元の食材を、できるだけ生産者から直接購入し、自ら調理して食べること。その食材をその日中に消費するか、乾燥・塩蔵・発酵など、なるべく冷凍・冷蔵庫に頼らずに保存して消費すること。食材を無駄にせず、同時に食肉や油脂が少ない食生活を送ること。なるべく「ホール・フーズ」を食べるようにすること。そうしたことがある程度実現できれば、現代の農業や食料消費に伴って発生しているさまざまな環境問題や健康の問題は解決されるのです。

　しかし、それを妨げているさまざまな社会的制約があり、それを取

り除くことの方がずっと難しいのかも知れません。そのような社会的制約を乗り越えられなければ日本国内の食料生産の現場ももちこたえることはできません。

地域の農業を支える

　実際、私たちは総消費のおよそ２割を食費に回していますが、生産者の手取りはその10％程度に過ぎません。残りのほとんどが、流通（36％）、食品工業（27％）、外食（18％）などの食関連産業に費やされているからです（2005年）。これは、私たちの食生活が、外食やできあいの弁当・総菜などの中食、および冷凍やインスタントなどの加工食品、それから大規模なスーパーやコンビニのチェーンに依存する割合が、かつてないほど高まった結果でもあります。

　農業の現場でも、かつては自家で行われてきた種採りや堆肥作りが農家の手を離れ、牛や馬が機械に取って替わられ、農産加工や販売も「食品工業」「流通業」という形で農家から分離されています。つまり、食産業の儲かる部分が農業から切り離されて産業化・肥大化し、逆に、天候や病害虫などのリスク要因に左右されやすく、儲からない生産の部分だけが「農業」に残されたと言うこともできます。それどころか、農資材をすべて買い入れる農業は、非常にお金のかかるものになってしまいました。

　私たちの食生活の変化と、農業をめぐる食産業の変化が、食のグローバル化をもたらした貿易の自由化と共に、生産者を苦況に追いやっているのです。

　今、農業が再生するには、これら食料産業の二次・三次産業部分を取り戻す必要があると言われています。これを農業の一＋二＋三次で「六次産業化」と称する人もいます。実際、生鮮品や農家による農産

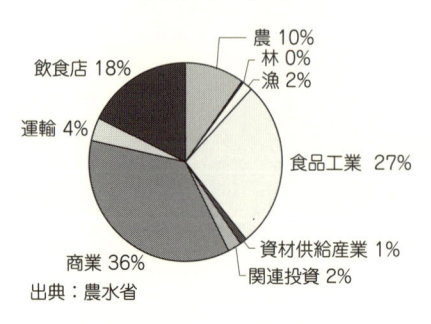

図23 「農業・食料関連産業」の国内総生産（2005）

農 10%
林 0%
漁 2%
食品工業 27%
資材供給産業 1%
関連投資 2%
商業 36%
運輸 4%
飲食店 18%
出典：農水省

　加工品を、産地直送や直売所を通じて農家自身が販売するというような動きが広がっており、目に見える成果を上げているところも少なくありません。グリーン・ツーリズムや一次産業に従事する移住者を誘致する動きもあります。消費者が生産者から直接食品を購入したり、グリーン・ツーリズムに参加したりすることが、農村と農業の再生に役立つことは事実ですし、また、一次産業従事者を増やす努力も確かに重要です。

　他方で、農産物の関税が今後も引き下げられ続け、安価な輸入食材や輸入食品の流通がますます増えれば、このような農業サイドの努力だけでは国内農業の再生には限界があります。何しろ農家1軒あたりの生産面積だけ比べても、米国で何百倍、オーストラリアでは何千倍といった規模なのです。日本でどれだけ大規模化しようと、効率化しようと、市場価格では太刀打ちできるはずがありません。たとえば、輸入品の価格は、米価で10分の1、乳価で4分の1と、比較にならないほど安いのです。

　世界貿易機関（WTO）の自由化交渉によって、関税や政府による補助金といった農業保護策が否定され続けるのだとすれば、かなりの消費者負担を覚悟しない限り、日本では農業はどうやっても生産者が「食える産業」にはなりません。したがって、食料の国際貿易ルールは、各国・各地域に主要な食料をある程度自給するための国内農業政策や貿易政策を実施する権利を認める方向に、抜本的に改められなければ

なりません。世界の最貧国において食料自給率を向上するためにも、対外債務問題の解決と共に、そのような国際貿易ルールの確立が不可欠です。

さらに、長期的あるいは国際的に、大量の化石燃料を使って輸送した食材を地場産よりも安く提供できる実態を改められるよう、輸出補助金や燃料補助金を撤廃させ、炭素税を導入する、あるいは遠距離輸送につきもののポストハーベスト農薬などの使用を禁じるなど、より積極的な国際政策を打ち出していく必要があります。

さらに、食品の加工・流通の距離と時間が長くなっていることを消費者に覚らせないために撤廃された製造年月日を復活させることや、中食や外食においても食材の原産地や食品添加物の表示を義務づけることも必要でしょう。

国内では他にも、自然農業や有機農業に対する支援を拡充したり、100％近く輸入に依存している家畜飼料や植物性油脂の自給するための制度を設けたりと、できることはいろいろとあります。たとえば、東北農業研究センターでは、輸入のトウモロコシに代えて、国内の休耕地でトウモロコシや牧草などを育て、茎や葉とともにサイレージ（青刈り作物や牧草を発酵させた飼料）にして家畜に与えるための研究が行われています[註38]。これが実現すれば、畜産業排泄窒素を有効活用し、かつ飼料の長距離輸送を減らしつつ、家畜の健康にも良い飼料を提供できるようになるでしょう。

今の経済システムや価値観を離れる必要

ところが現在、日本政府は、日本の農家も海外の農業と同じように、世界の富裕層に向けて輸出できる作物を生産するよう奨励しています。貿易自由化に即した形で農業を存続させようとしているのです。

世界では実際、地域の食料を生産する農業が廃れ、一握りの富裕層に向けた高付加価値の食品や嗜好品、あるいはゴムなどの工業原料やガソリン代替のバイオ燃料をつくる農業が主流になりつつあります。日本もまた、上海やシンガポールの金持ちなどに向けて目玉が飛び出るほど高価な果物や畜肉などだけをつくるようになっていけば良いというのでしょうか？　そうだとすれば、世界の庶民や貧困層はこれから何を食べていけば良いのでしょうか？
　このことは、日本の庶民にとっても他人事ではありません。すでに時間とお金に余裕のない層は、冷凍食品やファストフード、100円均一の食品などへの依存度を高めており、ますます国産食材へのこだわりを強めている富裕層との間で二極化が進んでいます。すでに私たちは食費の半分近くを外食や中食に費やしており、その中身は大半が輸入材料であることは前述しました。食費の使い方が一種の投票行動だとすれば、食材を買うときだけ国産を意識しても、輸入品でつくられる外食や中食に多くを費やしていれば輸入品に投票していることになってしまうのです
　自炊を増やす努力をすれば、多少高価な質の高い食材を使ったとしても外食中心の生活よりは食費はかかりません。しかし、自炊する時間も、国産食材を買うお金もない勤労者や貧困層には、国内農業に一票を投じるような購買行動は「高嶺の花」となりつつあります。国内農業を支える人々の時間的余裕と購買力を減退させないことが日本の農業の再生につながるのだとすれば、今の経済政策全般を方向転換しなければ農の問題も解決できないということです。それをせずに「食育」と言われても、そうした時間もお金もない人々は、実行できない罪悪感ばかりが募ることになります。
　しかし他方で、私たちは、食費を節約して耐久財などにお金をかけ

ることは「豊か」な暮らしどころか、健康を損なう生き方であることに気付く必要もあります。そもそも、家を30年で建て替え、6〜7年で自動車を買い換え、さらに短いサイクルでコンピュータや携帯電話を買い換え、という消費生活を続けねば維持できない経済構造を支える必要などないのです。逆に、生命に直結する食べ物や基礎サービスが値切られ、この分野で働く労働者が青息吐息となっている現実を変えねばなりません。安くて簡便な食べ物が、究極的には私たちの身体や環境、そして世界中の農家に悪影響をもたらしているのと同様に、今の経済が私たちの命を縮め、私たちから時間と尊厳を奪い、本来の豊かな暮らし方そのものを喪失させているからです

　実際、所得の多寡にかかわらず、携帯電話やインターネットの登場によって過去20年ほどの間に家計に占める通信費の割合は何倍にも大きくなりました。家計における優先順位の変化は、使途のあり方を大きく変えるのです。だとすれば、途上国よりも家計に占める食費の割合が小さい日本では、その必要性が理解されれば食費の割合を増やすことは可能でしょう。

　さりとて、地域の農業を再生し、環境にも身体にも良い食べ物を食べるためにできることは、よりたくさん食費を支出することだけではありません。環境にも身体にも良い農業は、農薬や化学肥料を多用する近代的な農業よりも労働集約的であり、これからもっとも深刻な問題となっていくのは人手不足なのです。他の仕事をしながら休日だけ、あるいは農繁期だけ農家を手伝うことが、余暇の過ごし方として、あるいは健康や環境によい食べ物を安く手に入れる方法として広く一般的になっていけば、農業における人手不足が解消され、同時に可処分所得が少ない人々が環境と健康によい食べ物を手に入れることができるようになるのではないでしょうか。

註

1. FAO (2009) 1.02 billion people hungry. FAO Media Center June 2009
2. OECD-FAO (2008) Agricultural Outlook 2008-2017
3. Ibid.
4. Pimentel, David et al. (2003) Sustainability of meat-based and plant-based diet and the environment. American Journal of Clinical Nutrition
5. OECD (2008) Biofuel policies in OECD countries costly and ineffective, says report. 16/07/2008
6. Ibid.
7. Doornbosch, Richard et al. (2007) Biofuels: Is The Cure Worse Than The Disease? OECD Round Table on Sustainable Development Sep. 2007
8. OECD-FAO (2008)
9. 北林寿信 (2009) 世界は今「土地ラッシュ」の時代、「現代農業」2009年11月増刊号
10. サンドラ・ポステル (2000) 水不足が世界を脅かす、福岡克也訳、家の光協会
11. 田辺有輝「日本政府・世界銀行・アジア開発銀行の支援するパキスタンの灌漑事業における環境・人権問題」JACSESセミナー 2007講演
12. Hosein Shapouri et al. (2002) The Energy Balance of Corn Ethanol: An Update, United States Department of Agriculture table 4では米9州の平均値は1ブッシェルあたり57,476Btuとなっている (Table 4)。
13. Henning Steinfield et al. (2006) Livestock's Long Shadow: Environmental Issues and Options. FAO
14. Jowit, J. (2008) UN says eat less meat to curb global warming. Guardian, 7 September
15. Jim Kleinschmit (2009) Agriculture and Climate-The Critical Connection. IATP
16. Keith Cunningham-Parmeter, Poisoned Field: Farm Workers, Pesticide Exposure, and Tort Recovery in Era of Regulatory Failure. New York University Review of Law & Social Change 28: 431, quoted by Food & Water Watch (2009) Food safety consequences of factory farms, Food Inc. edited by Karl Weber, Public Affairs
17. Doornbosch,Richard et al. (2007)
18. Intergovernmental Panel on Climate Change Working Group I (2007) The Physical Science Basis; Summary for Policymakers
19. Fargione, Joseph et al (2008) Land Clearing and the Biofuel Carbon Debt,

Science
20 Doornbosch,Richard et al.（2007）
21 Zar, Rainer, et al（2007）Life Cycle Assessment of Energy Products; Environmental Assessment of Biofuels--Executive Summery. EMPA
22 Doornbosch,Richard et al.（2007）
23 Fargione, Joseph et al（2008）
24 United Nations Development Programme（2007/2008）Human Development Report 2007/2008, Fighting Climate Change: Human Solidarity in a Divided World
25 Global Subsidies Initiatives（2007）Biofuels—at what cost? Government support for ethanol and biodiesel in European Union.
26 OECD-FAO（2008）
27 FAO（2009）Crop Prospects and Food Situation, No.3 July 2009
28 Patel, Raj（2007）Stuffed and Starved: The Hidden Battle for the World Food System. Milville House Publishing
29 OECD（2009）Agricultural Policies in OECD Countries: Monitoring and Evaluation
30 http://www.bbc.co.uk/blogs/thereporters/markmardell/2007/11/a_health_check_for_the_cap.html
31 鈴木猛夫（2003）『「アメリカ小麦戦略」と日本人の食生活』に詳しい
32 Charles Benbrook（2009）Impacts of Genetically Engineered Crops on Pesticide Use in the United States: The First Thirteen years. Organic Center
33 「牛乳が飲めなくなる？！」生活と自治　2008年9月号
34 中田哲也（2004）食料の総輸入量・距離（フード・マイレージ）とその環境に及ぼす負荷に関する考察、農林水産政策研究所レビュー 11
35 Tim Lang & Michael Heasman（2004）Food Wars, Earthscan
36 Jacobs, David R. Jr. et al.（2003）Nutrients, foods, and dietary patterns as exposures in research: a framework for food synergy. American Journal of Clinical Nutrition
37 Kate Clancy（2006）Greener Pastures: How grass-fed beef and milk contribute to healthy eating. Union of Concerned Scientists
38 畜産草地研・畜産環境部・畜産環境システム研究室（2004）LCA手法による休耕地を活用した濃厚飼料供給システムの環境評価 http://www.nilgs.affrc.go.jp/SEIKA/04/ch04042.html

著者略歴

佐久間 智子（さくま　ともこ）
アジア太平洋資料センター理事。1996年～2001年、市民フォーラム2001事務局長。現在、女子栄養大学非常勤講師、明治学院大学国際平和研究所研究員などを務める。経済のグローバル化の社会・開発影響に関する調査・研究および発言を行っている。

[主な著書]
共著書：『どうなっているの？　日本と世界の水事情』（アットワークス、2007年）、『儲かれば、それでいいのか－グローバリズムの本質と地域の力』（コモンズ、2006年）、『連続講座：国際協力NGO』（今田克司・原田勝広編、日本評論社、2004年）、『非戦』（坂本龍一監修、幻冬舎、2002年）、『グローバル化と人間の安全保障』（勝俣誠編、日経評論社、2001年）など。
訳書：『フード・ウォーズ』（ティム・ラング他著、コモンズ、2009年）、『ウォーター・ビジネス』（モード・バーロウ著、作品社、2008年）、『世界の水道民営化の実態』（トランスナショナル研究所編、作品社、2007年）、『世界の〈水〉が支配される！』（国際調査ジャーナリストナリスト協会著、作品社、2004年）など。

筑波書房ブックレット㊸
穀物をめぐる大きな矛盾

2010年2月1日　第1版第1刷発行

著　者　佐久間智子
発行者　鶴見治彦
発行所　筑波書房
　　　　東京都新宿区神楽坂2－19 銀鈴会館
　　　　〒162－0825
　　　　電話03（3267）8599
　　　　郵便振替00150－3－39715
　　　　http://www.tsukuba-shobo.co.jp

定価は表紙に表示してあります

印刷／製本　平河工業社
©Tomoko Sakuma 2010 Printed in Japan
ISBN978-4-8119-0360-6 C0036